Vinicius Rabello de Abreu Lima

FUNDAMENTOS DE CALDEIRARIA E TUBULAÇÃO INDUSTRIAL

3ª EDIÇÃO

Vinicius Rabello de Abreu Lima

FUNDAMENTOS DE CALDEIRARIA E TUBULAÇÃO INDUSTRIAL

3ª EDIÇÃO

EDITORA CIÊNCIA MODERNA

Fundamentos de Caldeiraria e Tubulação Industrial – 3ª Edição

Editor: Paulo André P. Marques
Produção Editorial: Dilene Sandes Pessanha
Capa: Cristina Satchko Hodge
Diagramação: Equipe Ciência Moderna
Copidesque: Equipe Ciência Moderna

FICHA CATALOGRÁFICA

LIMA, Vinicius Rabello de Abreu.

Fundamentos de Caldeiraria e Tubulação Industrial – 3ª Edição

Rio de Janeiro: Editora Ciência Moderna Ltda., 2020.

1. Engenharia Mecânica
I — Título

ISBN: 978-85-399-1006-9 CDD 620.1

Editora Ciência Moderna Ltda.
R. Alice Figueiredo, 46 – Riachuelo
Rio de Janeiro, RJ – Brasil CEP: 20.950-150
Tel: (21) 2201-6662/ Fax: (21) 2201-6896
E-MAIL: LCM@LCM.COM.BR
WWW.LCM.COM.BR **09/20**

Agradecimento Especial

Agradecimento especial aos meus netos, Miguel Antonio, Rafael e Maria Teresa, que com a contagiante alegria e o carinho que trazem consigo, me motivam a continuar a compartilhar o que aprendi ao longo de minha vida profissional.

Agradecimentos

O setor da construção, inspeção e montagem em Caldeiraria e Tubulação tem por característica o envolvimento por completo do profissional, setor onde se trabalha em feriados, finais de semana, carnaval e outras tantas datas com o sacrifício da família, esposa e filhos e é para eles o meu primeiro agradecimento.

Agradecimentos são devidos aos profissionais que cruzaram o meu caminho ao longo desses anos, são eles, Mestres-Caldeireiros, Soldadores, Montadores Industriais, Inspetores, Ajudantes e todos os ex-colegas e amigos por sua influência nesta obra.

Nesta linha, gostaria de agradecer aos meus alunos e ex-alunos dos cursos de formação de Encanadores Industriais – ABEMI em Macaé, aos meus alunos e ex-alunos do curso de formação em Técnico de Soldagem do SENAI – CETEC de Solda, por suas questões em relação ao setor, questões a respeito do aprimoramento profissional e pessoal, que me levaram a colocar em forma de livro o que discutimos em sala de aula.

Não poderia deixar de agradecer a minha família pela compreensão e incentivo, aos meus pais pela formação que me proporcionaram, pelo incentivo aos estudos e pelas orientações recebidas ao longo desses anos.

Prefácio

O mercado atual da indústria da Construção Naval e Mecânica, voltado para o setor de Óleo e Gás está exigindo dos profissionais, que já militam no setor e daqueles que pretendem ingressar neste mercado de trabalho, um constante aperfeiçoamento, obtendo uma formação mais específica, a fim de conseguir melhores resultados.

Desde a queda do preço do barril de petróleo nos idos de 2015, o setor de Óleo e Gás, vem passando por um processo de ajustes em toda a sua cadeia produtiva.

Em função do reflexo desses ajustes no mercado de trabalho, a exigência de uma maior capacitação profissional e por conseguinte uma ampliação do leque de competências exigidas aos profissionais, indicam que o mercado está mais seletivo, e que a constante melhoria no processo de educação, seja um alvo a ser perseguido por todos os profissionais que desejam permanecer ou ingressar neste setor.

Sumário

Capítulo 1

Capítulo 2 3

Capítulo 3

Capítulo 4

Capítulo 5

Capítulo 6

Capítulo 7

Capítulo 8

Capítulo 9

Capítulo 10

Capítulo 1

Introdução

O mercado atual da indústria da Construção Naval, Mecânica e Offshore estão exigindo dos profissionais que já militam no setor e daqueles que pretendem ingressar, um constante aprimoramento de seus conhecimentos, a fim de obter melhores resultados.

Assim, baseado na experiência adquirida no setor desde 1977, na fabricação, inspeção e montagem de equipamentos para a indústria petroquímica e naval, bem como, das experiências em sala de aula, na formação de técnicos em soldagem e técnicos em manutenção, este livro tem o objetivo de levar ao leitor subsídios para desenvolver as suas atividades no âmbito do trabalho de caldeiraria e de tubulação industrial.

Capítulo 2

Tópicos de Revisão

Antes de começar o estudo das competências necessárias para exercer a função de Caldeireiro e de Encanador Industrial, se faz necessário relembrar alguns conceitos, que serão úteis ao longo do nosso livro.

2.1 – Proporções

Observe os retângulos A e B.

No retângulo A, estão especificadas as seguintes medidas, a=5 e b=10 e no retângulo B com lados a c=3; d=6

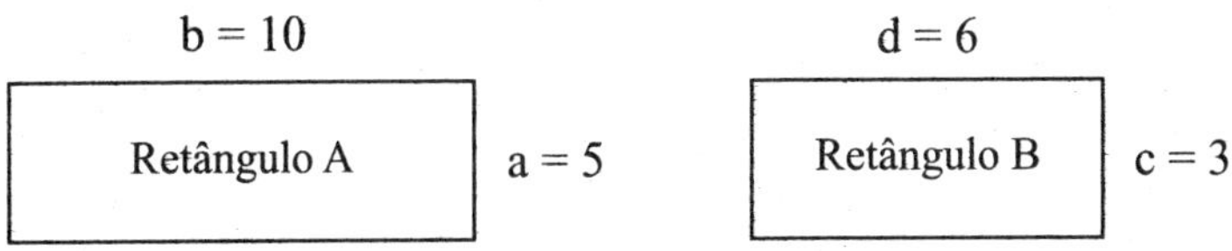

Como se pode perceber, a razão entre os lados do retângulo A é, $\frac{a}{b}=\frac{5}{10}=\frac{1}{2}$ e do retângulo B é, $\frac{c}{d}=\frac{3}{6}=\frac{1}{2}$.

Observa-se que ambas as razões têm o mesmo valor, isto é, a mesma proporção cujo valor é ½.

Como as razões entre os lados dos dois retângulos são iguais a ½ , pode-se afirmar que esses retângulos são proporcionais, uma vez que seus lados têm a mesma proporção.

Propriedades da Proporção

a- O produto dos meios é igual ao produto dos extremos.

Seja o exemplo:

$$\frac{1}{3}=\frac{4}{12}$$

Ou escrevendo de outra forma, temos:

1:3::4:12

Onde 1 e 12 são denominados EXTREMOS e 3 e 4 os MEIOS.

Aplicando o conceito da definição temos que 1 * 12 = 3 * 4 , o que é verdadeiro.

2.2 – Regra de Três

Regra de três é uma forma de solucionar problemas, utilizando os conhecimentos de frações e proporções.

É um recurso muito utilizado em nosso dia a dia.

Exemplos:

a. Um motociclista gastou 40 litros de gasolina para percorrer 200 Km. Quantos quilômetros o motociclista percorrerá com 15 litros?

Litros	Distância
40	200
15	X

Logo,
$$x=\frac{200\times 15}{40}$$
$$x=75km$$

Isto quer dizer, que com 15 litros, o motociclista percorrerá 75 km.

b. Uma tubulação trabalha ou opera a uma pressão de 10 Kg/ cm^2 em um diâmetro de 100 mm, se aumentarmos o diâmetro da tubulação para 200 mm, qual será a nova pressão, mantidas todas as demais condições de operação?

Pressão	Diâmetro (mm)	Área (cm2)
10	100	78,54
x	200	314,16

$$x = \frac{10 * 78,54}{314,16} = 2,5 \text{ Kg / cm}^2$$

2.3 – Geometria – Figuras Geométricas

<table>
<tr><th colspan="3">Figuras Básicas</th></tr>
<tr><td rowspan="3">Quadrado
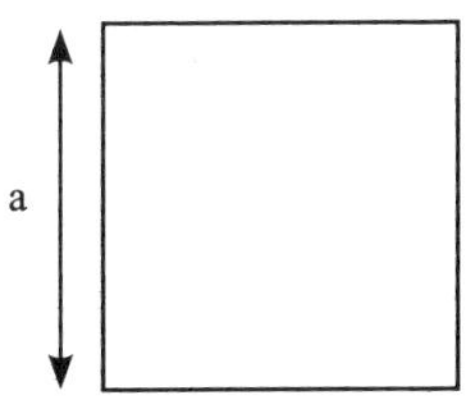</td><td>Área = a * a</td><td rowspan="3">Onde a é o lado do quadrado</td></tr>
<tr><td>Perímetro = 4 a</td></tr>
<tr><td>Diagonal = 1,414 * a</td></tr>
<tr><td rowspan="3">Retângulo
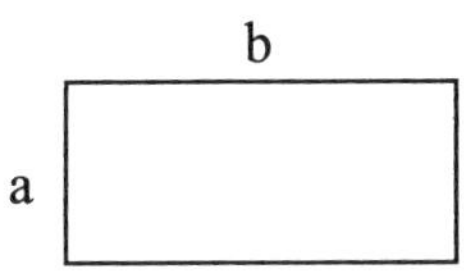</td><td>Área = a * b</td><td rowspan="3">Onde a e b são os lados do retângulo</td></tr>
<tr><td>Perímetro = 2 * (a + b)</td></tr>
<tr><td>Diagonal = $\sqrt{(a^2+b^2)}$</td></tr>
</table>

Triângulo 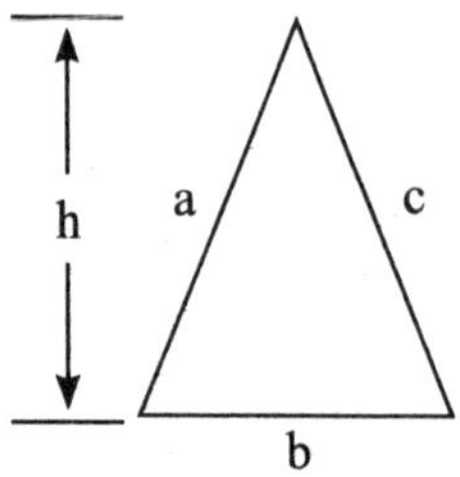 	Área = (b * h) / 2	Onde os lados do triângulo são a,b,c
	Perímetro = a + b + c	
	Soma dos ângulos internos é igual a 180°	
Trapézio 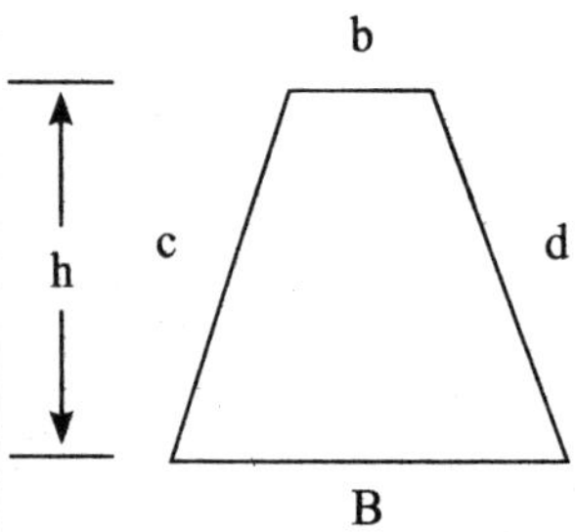 	Área = (B+b)*h / 2	Onde B= base maior b= base menor c e d = lado h = altura
	Perímetro = B+b+c+d	
	A soma dos ângulos internos é igual a 360°	
Hexágono 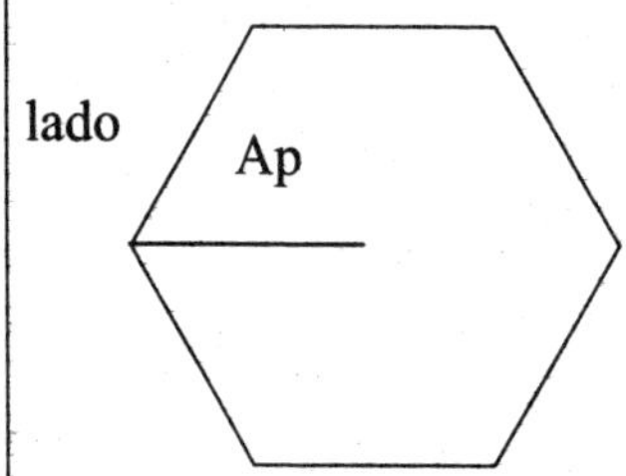 	Área = (p *ap) /2	Onde P = perímetro do hexágono Ap= apótema
	Lado=apótema	
	Perímetro = 6 * lado	
Losango 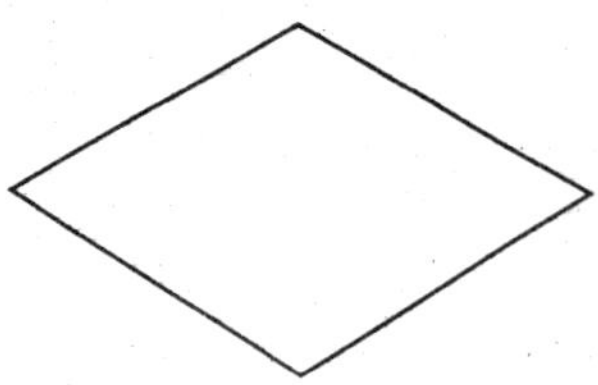	Área = (D * d) / 2	Onde D = é a diagonal maior d= é a diagonal menor
	Perímetro = soma dos lados do losango	
	A soma dos ângulos internos é igual a 360°	

Círculo 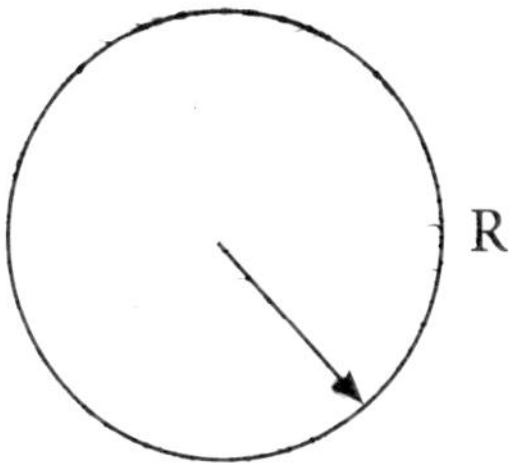 	Área do círculo= PI * R^2 Perímetro = 2 * pi * R	**Onde** R = raio PI= 3,14159
Anel 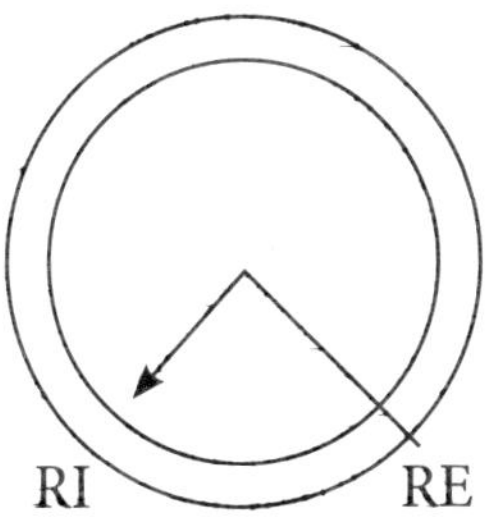 	Área = PI * (RE^2 – RI^2)	Onde RE = raio externo RI = raio interno PI = 3,14159
Setor circular 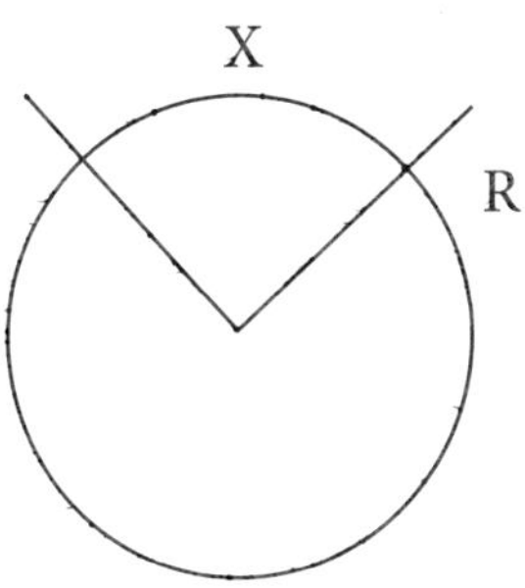 	x = (A/360)* PI * R*2 Área = ângulo * PI * R^2/360	Onde x = Comprimento do arco A= ângulo R = raio do círculo PI = 3,14159

2.4 – Perímetro - Uma medida linear.

Quadrado de lado A	Perímetro =4 A
Retângulo de lados A e B	Perímetro = 2 x (A + B)
Círculo de raio R	Perímetro = 2 x PI x R
Tubo	Perímetro ou Tubo aberto = 2 x PI x Raio_Médio, Raio Médio = R_Externo – Metade da espessura

Seja o exemplo.

Sr. Antônio comprou um terreno que mede 15 m x 20 m e gostaria de colocar uma cerca de arame farpado com 3 fieiras.

Quantos metros de arame Sr. Antônio irá gastar?

20 metros

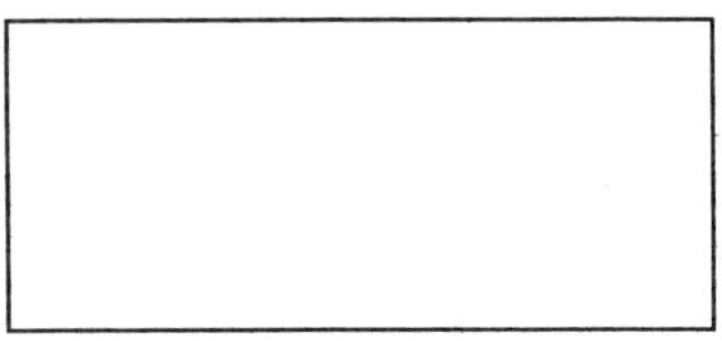

15 metros

Para iniciar a solução do problema, deve-se determinar o perímetro do terreno e em seguida multiplicar pelo número de fieiras de arame farpado.

O perímetro do retângulo é a soma de todos os lados, isto é, 20+15+20+15 = 70 m.

Como Sr. Antônio deseja fazer uma cerca com 3 fieiras, ela gastará 3 x 70 = 210 m.

ÁREA

Se no exemplo anterior, o Sr. Antônio desejasse colocar piso cerâmico, quantos metros quadrados seriam necessários?

Para responder a este pergunta, deve-se calcular a área do terreno em questão.

Como o terreno tem um lado medindo 15 m e o outro medindo 20 m e como a área de um retângulo é o produto dos lados, logo, a área é igual a 300 m^2

VOLUME

Quando se fala em volume, está se referindo a corpos ou objetos em três dimensões, isto é, largura, altura e profundidade.

O volume é o espaço ocupado por um corpo.

É definido como o produto de uma área pela profundidade.

As unidades de medida de volume são:

- Litros
- Metro Cúbico
- Centímetro Cúbico

Figuras Geométricas Básicas

CUBO	Volume = a^3	Onde a = aresta do cubo
PARALELOGRAMA	Volume = a x b x c	Onde a, b e c são arestas do paralelograma
CILINDRO	Volume = área do tubo x comprimento. V= PI x Ri^2 x L	Onde Ri = raio interno do tubo L = comprimento do tubo PI = 3,14159

PESO

O peso de uma peça é dado pelo produto de seu volume pela massa específica.

Produto	Densidade
Água	1000 Kg / m^3
Aço	7,85 kg / dcm^3

Exemplo:

Dado um tanque para armazenar água, cuja base é um retângulo de lados iguais a 4 m e 5 m, respectivamente, e cuja altura é de 6 m.

Qual o peso da água armazenada neste tanque?

Solução

Determinar o volume do tanque

$V = a * b * c$, onde a = 4 m , b = 5 m e c = 6 m

$V = 4*5*6m^3$, onde V =120 m^3

Consultando a tabela de densidade da água, obtemos que d = 1000kg/m^3

E como o peso é o produto da densidade pelo volume $P = d \times V$[Kgf]

Logo, o peso P será :

P = 1000 * 120 = 120,000 kg ou P = 120 toneladas.

2.5 – Introdução à Lógica

Sentenças Abertas e Fechadas

Definimos como proposição ou sentença qualquer afirmação, sendo ela verdadeira ou falsa.

Sejam os exemplos:

a. Todos os pássaros voam

b. Os mamíferos são animais terrestres

c. A ordem das parcelas não muda o resultado ou total da soma

E as sentenças matemáticas

a. $12-6+2 > 5$

b. $6-4=2$

c. $3x-5=4$

FECHADAS

Toda sentença é considerada FECHADA quando não depende de alguma variável para serem classificadas como Verdadeira ou Falsa.

São os casos apresentados em a) e b)

ABERTAS

De forma análoga, toda sentença é considerada ABERTA quando depende de alguma variável para ser classificada como Verdadeira ou Falsa.

São os casos apresentados em c)

QUANTIFICADORES

Os quantificadores usados nas sentenças matemáticas permitem que a sentença ABERTA se torne FECHADA.

Os quantificadores e seus símbolos são:

Símbolo	Significado
∀	Para todo ou qualquer que seja
∃	Existe pelo menos um
∃|	Existe um único

A seguir ilustram-se alguns exemplos

Qualquer que seja x, temos que sen (x*t)<=1

∀ x / x R , sen (x*t) <=1

Existe pelo menos um **x** , tal que 5 – x = 12

∃ x | 5 - x = 12

Existe um único **x** , tal que 5 - x = 12

∃ | x , x N | 5 - x =12

IMPLICAÇÃO (Se ... Então)

Quando se tem duas sentenças e para a sua elucidação se precisa conectar uma sentença a outra, a isto se chama de IMPLICAÇÃO

O céu está estrelado

↓

Então

↓

Amanhã fará sol

Na verdade, qualquer teorema é a implicação de uma HIPÓTESE (sentença) em outra (sentença) denominada TESE.

Em lógica, dizemos que a primeira sentença **IMPLICA** na segunda.

Seja o exemplo do Teorema de Pitágoras, onde **a,b,c** são lados de um triângulo retângulo, e a hipotenusa é **a**, então

$$a^2 = b^2 + c^2$$

A sentença matemática assim seria expressa:

Se **a, b, c** são lados de um triângulo retângulo, ENTÃO:

$$a^2 = b^2 + c^2$$

EQUIVALÊNCIA LÓGICA

Dizemos que duas sentenças são equivalentes, quando a primeira implica na segunda e a segunda implica na primeira.

Exemplo:

$$x + 3 = 6 \Leftrightarrow x = 3$$

Entretanto, quando uma das implicações for verdadeira a outra pode não sê-lo, como podemos ver no exemplo abaixo:

A primeira sentença é VERDADEIRA

$$x = 3 \Leftrightarrow x^2 = 9$$

$$x^2 = 9 <\neq> x = 3$$

Entretanto, a segunda sentença NÃO é VERDADEIRA.

Para que haja equivalência, devemos assim escrever a sentença matemática.

$$x^2 = 9 \Leftrightarrow |x| = 3$$

2.6 – Plano Cartesiano – Sistemas de Coordenadas

Sabe-se que um plano pode ser formado pela interseção de duas retas concorrentes e, no caso do plano cartesiano, essas retas fazem um ângulo reto entre si, criando a figura abaixo:

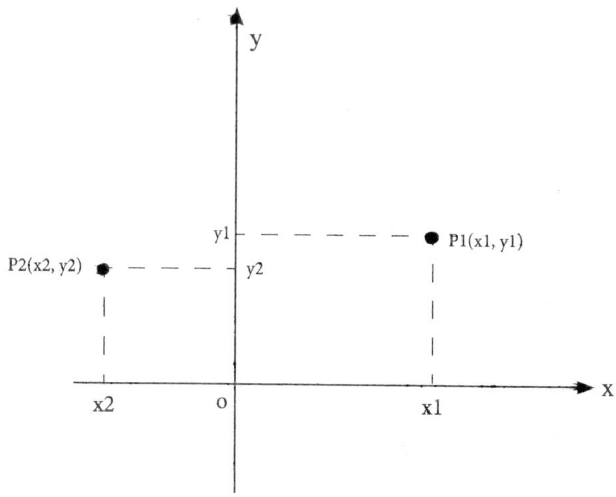

Onde o eixo vertical é denominado como das ORDENADAS

E o eixo horizontal é denominado como das ABSCISSAS

O ponto **O** é a origem dos eixos

Os dois eixos dividem o plano em quatro quadrantes, que são enumerados no sentido anti-horário.

PONTO – Um ponto é definido como sendo composto de um par ordenado (X,Y), onde a primeira informação é a ABSCISSA (X), que é distância do ponto à origem "O", segundo o eixo OX e, a segunda informação, é a ORDENADA (Y), que é a distância do ponto até a origem "O", segundo o eixo OY, sendo a sua notação assim definida:

P=(x,y)

Representação Gráfica do Sistema Cartesiano

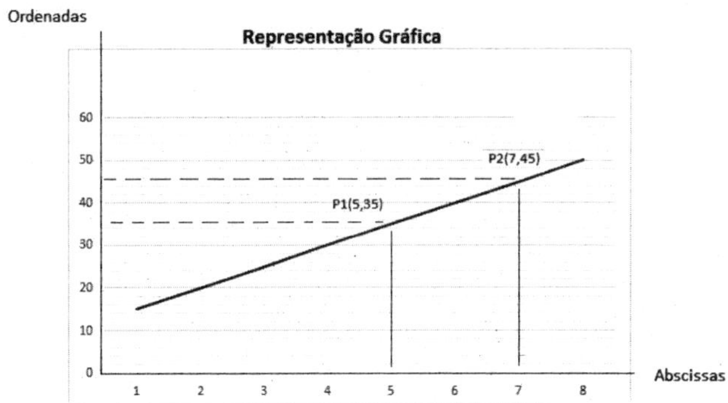

PAR ORDENADO - No sistema cartesiano, cada ponto é representado por um único par ordenado (x,y), onde x e y pertencem ao conjunto dos números reais e, de forma recíproca, cada par ordenado representa um único ponto.

PRODUTO CARTESIANO

Sejam os conjuntos A e B não vazios, denomina-se o produto cartesiano de **A** por **B, o conjunto de TODOS** os pares ordenados (a,b), tal que **a** pertence ao conjunto A e **b** pertence ao conjunto B.

$$AxB = \{(a,b) \mid a \in A, b \in B\}$$

Observações:

Se $A \neq B$, então $A \times B \neq B \times A$

Se $A = B$, então $A \times B = B \times A$

O produto cartesiano de um conjunto por ele mesmo é representado por A^2.

Exercícios

1. Dados os conjuntos A={(-2;0),(3;3),(0;0),(1;-3)} e B={(2;1),(2;2), (4;-2)}, represente graficamente os seguintes produtos cartesianos A x B ; B x B

2. Dado o conjunto **P** dos números naturais pares e **I** o conjunto dos números naturais ímpares, marque com FALSO ou VERDADEIRO as seguintes sentenças :

a. (2;3) E **P** x **I**
b. (197;13) E **P**
c. (4;7) E $\mathbf{P}^2$
d. (7;8) E **I**

2.7 – Trigonometria

É o estudo das relações entre medidas de ângulos e lados dos triângulos.

Círculo Trigonométrico
O círculo trigonométrico é o círculo de RAIO – r – e de valor unitário.
Ele é dividido em quatro quadrantes, enumerados no sentido anti-horário.

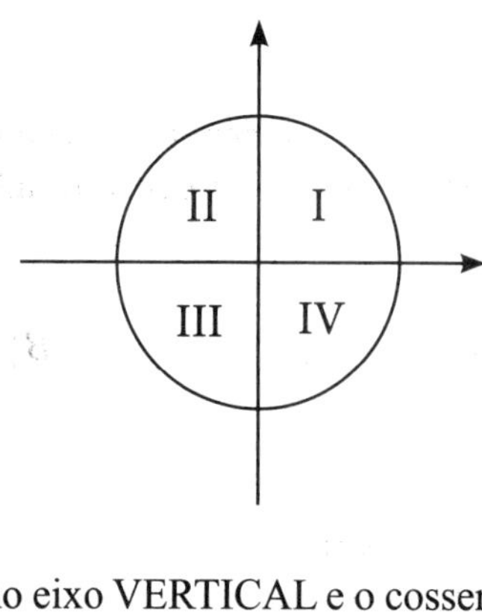

O seno é representado no eixo VERTICAL e o cosseno é representado no eixo HORIZONTAL.

Lembrando que o círculo trigonométrico é um círculo de raio igual a 1, chegamos a seguinte equação:

$$sen^2\hat{A} + \cos^2\hat{A} = 1$$

Os valores máximos, tanto para o SENO, quando para o COSSENO estão contidos no intervalo [+1, -1]

Ângulos e seus Múltiplos

Seja o ângulo Â , podemos escrever a sua formulação geral da seguinte forma:

$$\hat{A} = \hat{A} + 2\pi K$$

Onde K=1,2...n

Ângulos, Senos, Cossenos e Tangentes mais Usados

ÂNGULO (GRAUS)	SENO	COSSENO	TANGENTE
0	0	1,000	0
30	0,500	0,866	0,5773
45	0,707	0,707	1,000
60	0,866	0,500	1,732
90	1,000	0	INDETERMINADO

Seno, Cosseno e Tangente

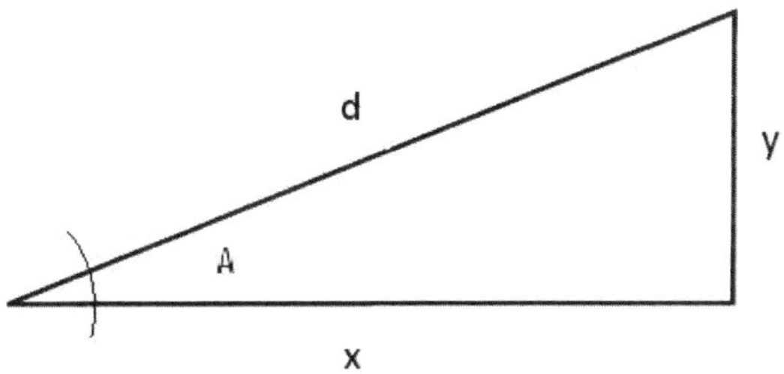

Seja o ângulo interno Â; dizemos que:

- SENO de Â, representado por SEN (Â), é a razão entre o cateto oposto (y) a esse ângulo e a hipotenusa (d)

  SEN (Â) = y/d

- COSSENO de Â, representado por COS (Â), é razão entre o cateto adjacente (x) a esse ângulo e a hipotenusa (d).

  COS (Â) = x/d

- TANGENTE de Â, representado por TG (Â), é a razão entre o cateto oposto a esse ângulo e o cateto adjacente.

TG (Â) = y/x

Conversão de Ângulos

As unidades de medida para ângulos são: GRAU, RADIANO, GRADO
A relação entre estas unidades é dada abaixo, como segue.

GRAU (º)	RADIANO (rad)	GRADO (grd)
360 º	2 π rad	400 grd

Assim, se desejarmos converter 30 º para radianos, usamos a seguinte regra de três:

360º → 2 π rad

30º → x logo $x = \frac{30}{360} * 2\pi$ radianos, onde π = 3,14159...

2.8 – Resolução de Triângulos Quaisquer

Seja o triângulo ABC de lados a, b, c, respectivamente opostos aos ângulos A, B, C e consideremos as seguintes situações:

1 - Triângulo ACUTÂNGULO

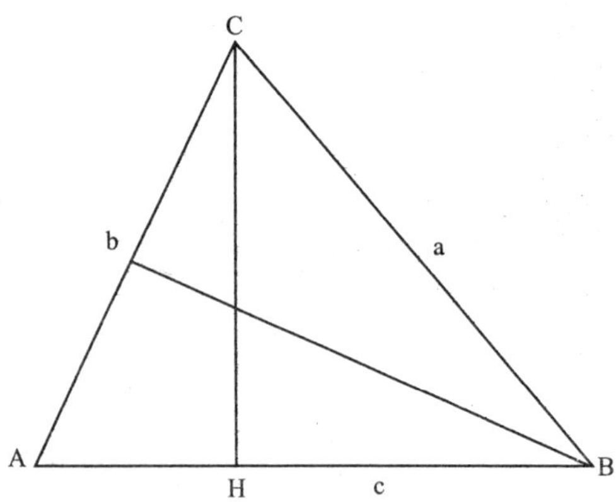

A altura h, que é o segmento de reta CH, será dada por

sen (B) = h / a ou h = a sen (B)

sen (A) = h / b ou h = b sen (A)

Fazendo-se a igualdade, temos que

b sen (A) = a sen (B)

E podemos definir

(a / sen A) = (b/ sen B) = (c / sen C)

2 – Triângulo RETÃNGULO - É aquele em que um dos ângulos vale 90°

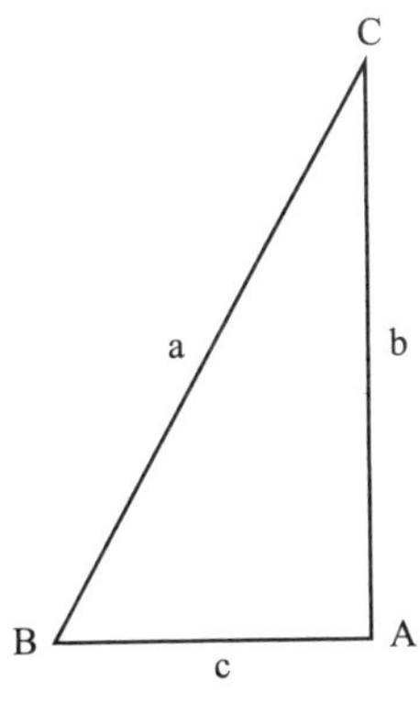

sen (B) = (b / a)
sen (C) = (c / a)

E também é válido (a / sen (A)) = (b/ sen (B))

3- Triângulo OBTUSÂNGULO

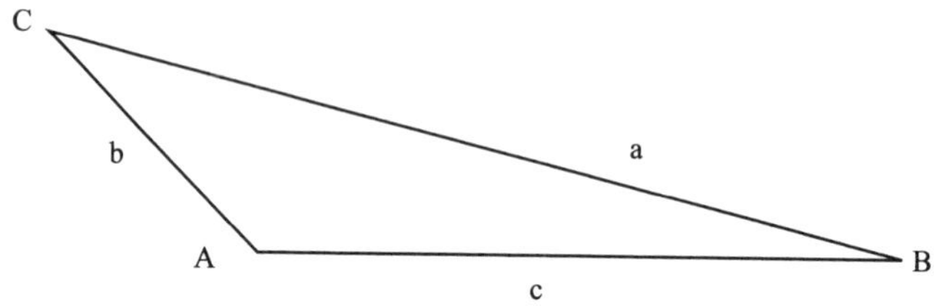

Também é válida a formulação abaixo

(a / sen A) = (b/ sen B) = (c / sen C)

Lei dos SENOS

Enunciado:

"Em todo o triângulo, as medidas dos lados são proporcionais aos senos dos ângulos opostos."

Lei dos COSSENOS

Enunciado:

"Em todo triângulo, o quadrado de um dos lados é igual a soma dos quadrados dos outros lados, menos duas vezes o produto desses lados pelo cosseno do ângulo que eles formam entre si. "

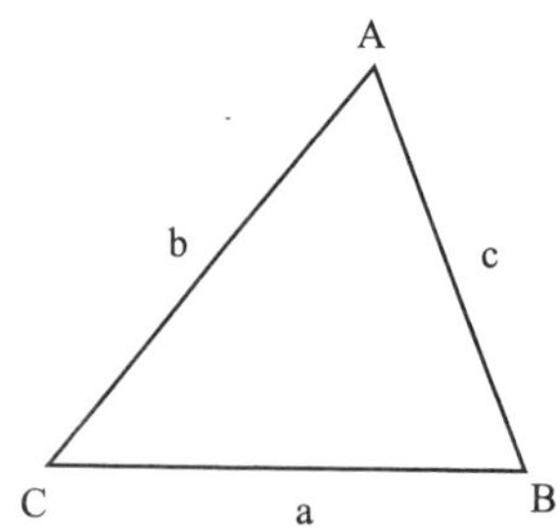

Onde a,b,c são lados do triângulo e A,B, C do ângulos

$a^2 = b^2 + c^2 - 2bc*cos(A)$

$b^2 = a^2 + c^2 - 2ac*cos(B)$

$c^2 = a^2 + b^2 - 2ab*cos(C)$

Sinais das Funções

QUADRANTE	SEN	COS	TG	COTG	SEC	COSEC
I	+	+	+	+	+	+
II	+	-	-	-	-	+
III	-	-	+	+	--	-
IV	-	+	-	-	+	-

Seno da Soma de Ângulos

Sejam os ângulos Â e B, o seno de (A+B)

Sen(A+B) = senA * cosB + cosA * sen B

Seno da Diferença de Ângulos

Sejam os ângulos Â e B, o seno de (A-B)

Sen(A-B) = senA *cosB - cosA * sen B

Cosseno da Soma de Ângulos

Sejam os ângulos Â e B, o cosseno de (A+B)

cos(A+B) = cosA * cosB - senA * senB

Cosseno da Diferença de Ângulos

Sejam os ângulos Â e B, o cosseno de (A-B)

cos(A-B) = cosA * cosB + senA * senB

Tangente da Soma de Ângulos

Sejam os ângulos Â,B, a tangente de A+B

$$tg(A+B)=\frac{tgA+tgB}{1-tgA*tgB}$$

Tangente da Diferença de Ângulos

Sejam os ângulos Â,B , a tangente de A-B

$$tg(A-B)=\frac{tgA-tgB}{1+tgA*tgB}$$

Arcos Múltiplos

$sen2A = 2sen\,AcosA$
$cos2A = 2cos^2 A - 1 = 1 - 2sen^2 A = cos^2 A - sen^2 A$
$sen(nA) = 2sen(n - 1)\,Acos\,A - sen(n - 2)A$
$cos(nA) = 2cos(n - 1)\,Acos\,A - cos(n - 2)A$

Relação Entre Triângulos

O estudo da relação entre triângulos é muito importante, pois, facilita de modo muito significativo no desenvolvimento de trabalhos envolvidos nas atividades do Caldeireiro e do Encanador Industrial.

Teorema de Tales – A soma dos ângulos internos de um triângulo é igual a 180°

Igualdade De Triângulos

- Dois triângulos são iguais quando têm um ângulo igual compreendido entre lados respectivamente iguais.
- Dois triângulos são iguais quando têm os três lados respectivamente iguais.

Semelhança Entre Triângulos

- Dois triângulos são ditos semelhantes quando têm dois ângulos iguais;
- Dois triângulos são semelhantes quando têm um ângulo igual, compreendido entre lados proporcionais;
- Dois triângulos são semelhantes quando têm os 3 lados proporcionais;

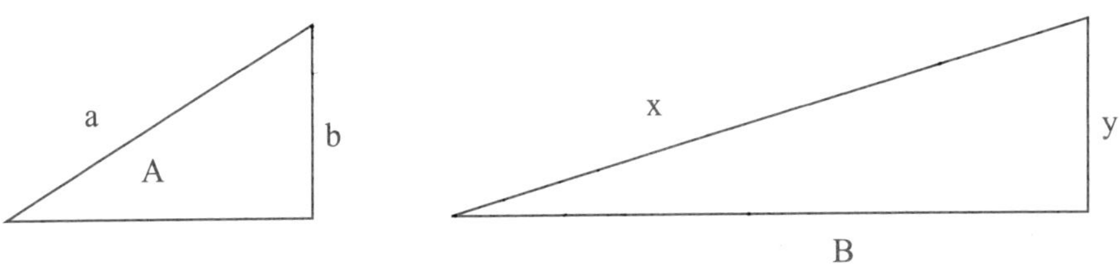

Consideram-se os triângulos A e B. Se as relações abaixo forem VERDADEIRAS,

$$\frac{b}{a} = \frac{y}{x}$$

$$\frac{c}{a} = \frac{z}{x}$$

$$\frac{b}{c} = \frac{y}{z}$$

Pode-se afirmar que os triângulos A e B são semelhantes

Triângulo Retângulo

A característica do triângulo retângulo é que um dos ângulos internos é reto, ou seja, vale 90°.

Seja o triângulo 123, de lados A, B, e C.

Sendo B e C os catetos e como hipotenusa o lado A.

Pelo Teorema de Pitágoras, temos que a hipotenusa é assim calculada

$$A = \sqrt{B^2 + C^2}$$

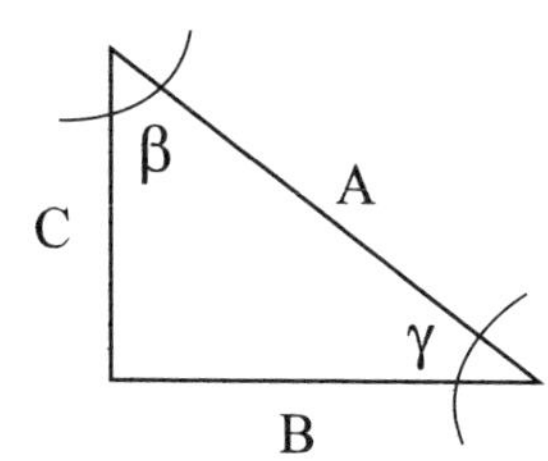

Assumindo como β (beta) o ângulo oposto ao lado B e como γ (gama) o ângulo oposto ao lado C, temos as seguintes fórmulas:

$C = A \times \text{sen}\,\gamma$

$B = A \times \cos\gamma$

Exemplo 1:

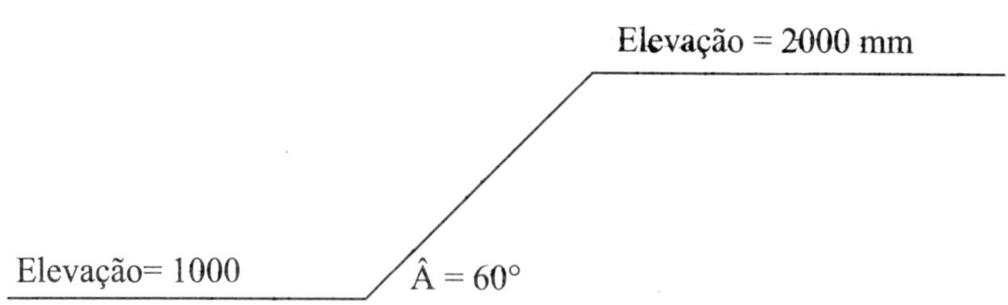

Qual o comprimento do trecho inclinado?

$d \times sen(60) = 1000$
$d = 1000 / sen(60)$
$d = 1000 / 0,866$
Logo d = 1154,734 mm

Exemplo 2:

Qual o ângulo formado entre as seguintes semi-retas, onde o lado horizontal mede 50 mm e o inclinado mede 120 mm?

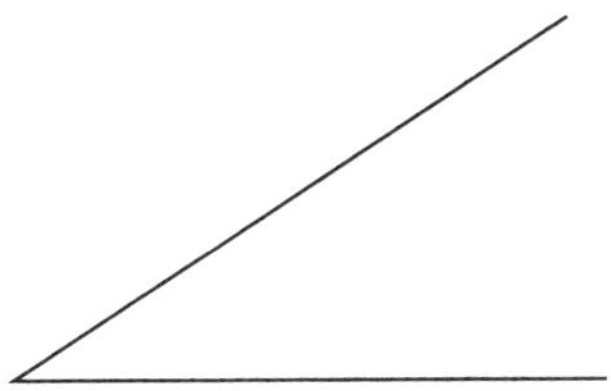

Solução:

Chamando de x, a projeção no eixo horizontal, temos a seguinte equação:

$$50 = 120 \times \cos(A)$$

$\cos(A) = \dfrac{50}{120}$, logo A é o arco cujo cosseno vale 5/12.

2.9 – Revisão de Física

FORÇA – Costuma-se definir força pelos efeitos que ela produz. Assim, FORÇA é toda causa capaz de provocar em um corpo, uma modificação de movimento ou forma.

Quando se faz um esforço muscular para empurrar uma caixa, está se fazendo uma "força". Uma locomotiva exerce uma força ao puxar ou empurrar os vagões de uma composição.

Também, pode-se definir FORÇA como sendo a AÇÃO de um corpo sobre o outro.

Para o estudo de uma FORÇA, o mais importante é o conhecimento de sua magnitude ou módulo, da sua direção e sentido.

A unidade de medida no SISTEMA INTERNACIONAL é o Newton - N

PRESSÃO – Quando se fala em PRESSÂO, deve-se ter em mente que a pressão é a razão entre uma força aplicada sobre uma área.

A força aplicada é sempre NORMAL à superfície, isto é, PERPENDICULAR à superfície sobre a qual ela está atuando.

Se por exemplo, a força é aplicada a 30° da superfície, conforme a figura abaixo, a pressão exercida sobre a superfície A, será igual à componente vertical ou normal desta força, sobre a área da superfície A.

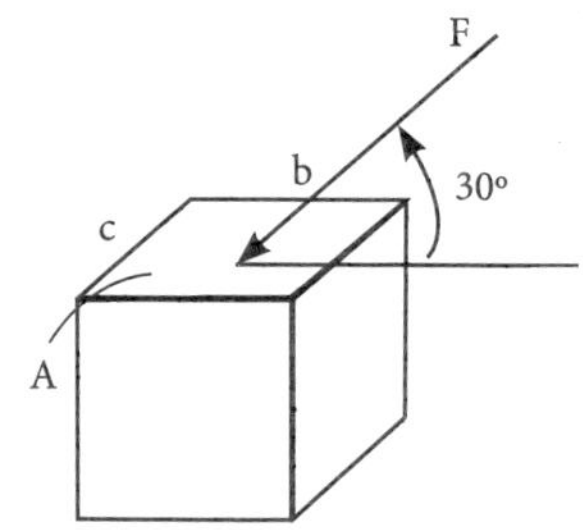

Ilustração 1- Força atuando sobre uma superfície

Pela decomposição da força, tem-se que a componente vertical FV = F * sen 30°.

E o valor da superfície A é igual à (b x c), assim a pressão exercida será igual a:

$$p = \frac{F * sen30}{b * c}$$

Resumidamente, pressão é igual a uma força (força normal) aplicada sobre uma área.

As unidades de medidas mais usadas são:

- N / m^2 (Newtons por metro quadrado)
- Kgf/cm^2 (Kilogramas-força por centímetro quadrado)

- PSI (Libras por polegada quadrada)
- Bar

Pressão – Conversão De Medidas

De / Para	Kgf/cm2	PSI	BAR	M Pa
Kgf/cm2	1,00	14,22	0,98	0,10
PSI	0,07	1,00	0,07	0,01
BAR	1,02	14,50	1,00	0,01
M Pa	10,20	145,04	10,00	1,00

Pressão atmosférica

É a pressão que o ar exerce sobre todas as superfícies.

É definida como sendo a pressão produzida por uma coluna de mercúrio exatamente igual a 760 mm de altura, sendo a densidade do mercúrio de 13,5951 g/cm^3 e sob a aceleração da gravidade.

Assim, 1 atm-padrão é igual à 1 kgf/cm2.

Outra unidade de pressão é o Torricelli (tor) em homenagem a Evangelista Torricelli, (1608-1647) e é igual a 1 mm de Hg.

Pressão manométrica, relativa, absoluta

Para melhor exemplificar os conceitos de pressão manométrica, absoluta e relativa, analisemos o gráfico abaixo.

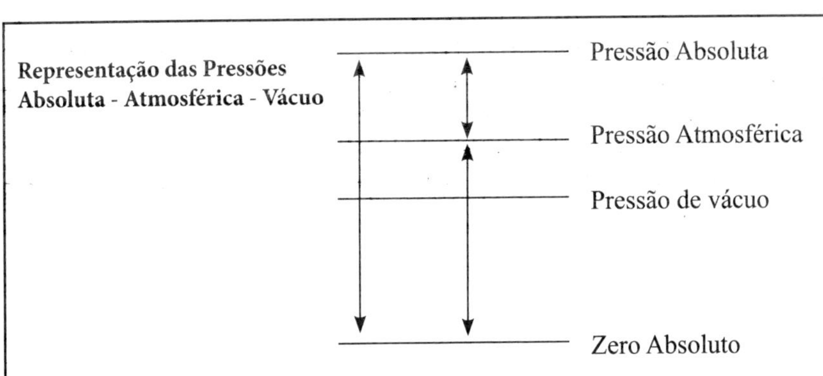

Pressão Absoluta – Superior a pressão atmosférica
Pressão Manométrica = É a diferença entre a pressão absoluta e a pressão atmosférica
Pressão Atmosférica
Pressão de vácuo
Zero Absoluto

O **MANÔMETRO** lê a DIFERENÇA entre a Pressão Absoluta e a Pressão Atmosférica.

O **BARÔMETRO** lê a Pressão Atmosférica

Distinguimos as pressões absolutas e manométricas, colocando-se a letra "a" ou "g" ao final de cada unidade de medida.

Exemplo:

Pressão absoluta: 10 psia
Pressão manométrica: 10 psig

MASSA ESPECÍFICA - Massa específica de uma substância homogênea, é a razão entre a massa de um corpo constituído dessa substância e o volume do corpo considerado.

PÊSO – Peso é a ação da força gravitacional sobre um corpo de massa M.

Logo, quando alguém sobe sobre uma balança, a fim de verificar o seu peso, na realidade está medindo a ação da força gravitacional terrestre sobre a sua massa.

O peso é uma grandeza vetorial. Portanto, apresenta intensidade, direção e sentido. A direção é a linha que passa pelo objeto e pelo centro da Terra. O sentido é o que aponta para o centro da Terra.

Matematicamente, pode ser descrito como o produto entre massa e a aceleração da gravidade:

$P = M * g$, onde g é a aceleração da gravidade.

O valor da aceleração da gravidade – g - , no Sistema Internacional é 9,81 m/s^2

TEMPERATURA – Mede a sensação de frio ou quente.

As unidades de medida de temperatura são o grau CENTÍGRADOS ou CELSIUS, o grau KELVIN e o grau FARENHEIT.

No sistema internacional de medidas, a unidade de temperatura adotada é o grau Kelvin - °K.

Simbologia:

Grau CELSIUS é	°C
Grau KELVIN é	°K
Grau FARENHEIT	°F

Conversão de unidades:

De CELSIUS para FARENHEIT

$$F = \frac{9}{5} \times C + 32$$

De FARENHEIT para CELSIUS

$$C = (F - 32) \times \frac{5}{9}$$

De CELSIUS para KELVIN

$$K = 273 + C$$

TORQUE

Define-se torque ou momento estático, como sendo o produto vetorial de uma força pela distância de aplicação da mesma, aplicada em um ponto pivot ou ponto de rotação.

Por exemplo, o torque necessário para apertar uma porca da roda de um carro é igual ao produto de uma força perpendicular ao cabo da chave de rodas, pela distância entre a nossa mão, que é o ponto de aplicação desta força, e a porca, que é o ponto PIVOT ou ponto de ROTAÇÃO.

Por esta razão, quando se tem dificuldades utiliza-se uma alavanca de maior comprimento, pois, com a mesma força, obtém-se um torque maior.

$$\tau = r \times F$$
$$L = r \times p$$

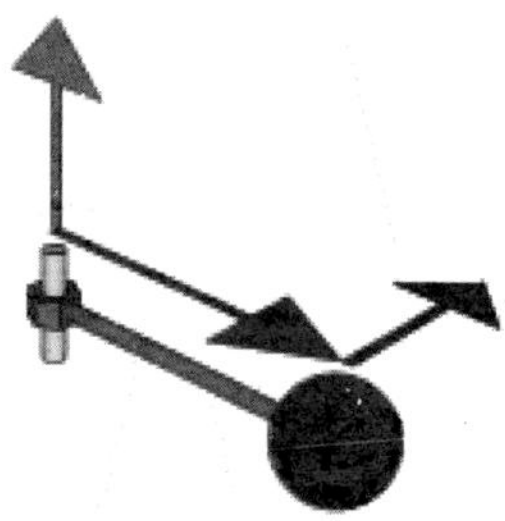

Torque é um vetor que mede a tendência de uma força em girar um objeto em relação a um eixo.

A unidade de medida do Sistema Internacional de Unidades é o Newton x metro (N.m)

Capítulo 3

Instrumentos de Medição

Instrumentos

Para a execução das atividades em Caldeiraria e em Tubulação Industrial, alguns instrumentos são de utilização frequente pelos profissionais do setor.

Entretanto, convém ressaltar que esses instrumentos devem estar em boas condições de uso, aferidos conforme Manual de Garantia da Qualidade da empresa em que se trabalha, a fim de assegurar a acuidade das medidas levantadas.

Trena

A trena é uma fita métrica de material resistente, podendo ser de aço inoxidável, aço carbono ou de outro material, acomodada dentro de uma caixa de couro, plástico ou metal.

Existem trenas para medir grandes extensões, geralmente de 20 a 50 metros. A trena mais utilizada é a fabricada com o comprimento de 5 metros.

Em serviços de tubulação, a TRENA mais utilizada é a TRENA DE FITA, sendo a mais empregada pelos instaladores.

A precisão de leitura de uma TRENA é igual à metade da menor divisão de sua escala.

Isto é, se a menor leitura é de 1 mm, a precisão será de 0,5 mm.

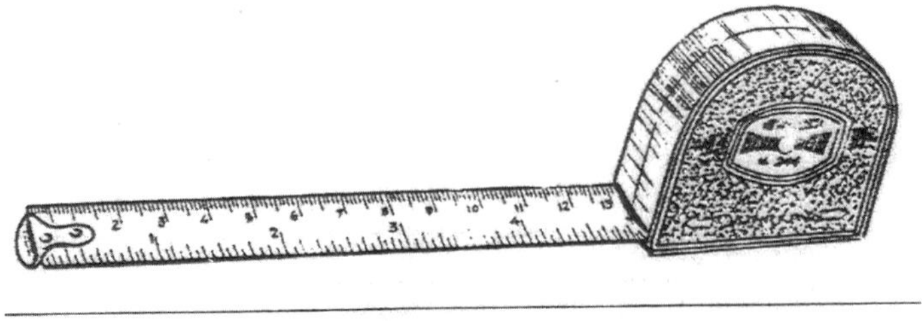

Ilustração 2- Trena

Esquadro

Esquadro é um instrumento de precisão. Tem a forma de ângulo reto e é construído de aço-carbono retificado ou rasqueteado e, ás vezes, temperado.

Usa-se o esquadro para verificar superfícies em ângulo de 90º.

Ilustração 3-Esquadro simples

Os esquadros classificam-se quanto à forma e tamanho.

Os tipos mais usados são o esquadro simples de uma só peça e o esquadro de base com lâmina lisa.

Ilustração 4-Esquadro de base com lâmina

Conservação

Deve-se manter os esquadros:

- Isentos de golpes;
- Sem rebarbas, limpos e no ângulo correto;
- Lubrificados e guardados em lugar onde não tenham atrito com outras ferramentas.
- Aferidos conforme o Manual de Garantia da qualidade da empresa.

Nível de Bolha

É um instrumento de verificação da horizontalidade. Determina e verifica se um elemento está na horizontal e, em certos casos, também na vertical.

Utiliza-se na nivelação de peças e tubulações da construção civil, bem como na indústria mecânica.

É conhecido por "Nível de Bolha" ou "Nível de Bolha de Ar".

É constituído por um corpo geralmente da forma do paralelepípedo, como a régua de madeira, e por ampolas de vidro embutidas.

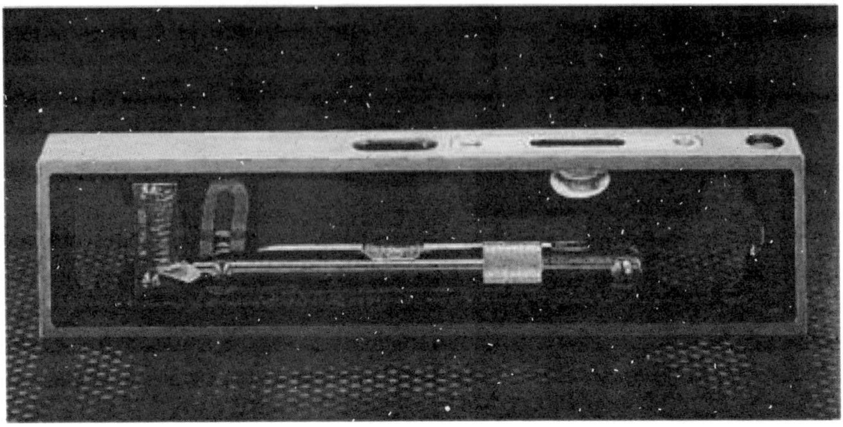

Ilustração 5 - Nível de bolha

O corpo pode ser de madeira, alumínio, aço e ferro fundido.

A ampola de vidro é dotada de um líquido (água, álcool ou óleo e corante) e uma bolha de ar.

O líquido ocupa quase toda a capacidade da ampola, deixando uma pequena bolha de ar. A ampola é completamente fechada.

A aplicação do corante justifica-se no caso de o líquido ser incolor e para facilitar a leitura do deslocamento da bolha.

Quanto ao seu funcionamento, o nível deve ser colocado sobre o elemento por nivelar, ou sobre uma régua auxiliar, dependendo do local.

A sua posição sobre o elemento deve oferecer condição de leitura na ampola; portanto, ele fica deitado com a ampola voltada para cima.

Para se fazer a leitura, deve-se ficar de frente para o nível e sobre a ampola.

Verificar onde a bolha está situada e mudar o nível de posição até que a bolha se coloque entre os traços da ampola.

Para isso é necessário suspender ou baixar uma das extremidades do corpo.

Em determinados casos, o nível poderá ser utilizado para verificar e ajustar um elemento na vertical: usando-se o instrumento de pé e apoiando em uma régua de madeira ou diretamente no elemento, faz-se a leitura na ampola interna.

Por ser um instrumento de verificação e precisão, deve-se evitar choques que possam deslocar a ampola, prejudicando o funcionamento.

Precisão

Para determinarmos a sua precisão e verificarmos o seu funcionamento, devemos nivelar um determinado elemento, mantendo uma das faces do instrumento de frente, e traçar sobre o mesmo 2 linhas que limitem os extremos do nível.

Posteriormente, viramos o nível e fazemos novo nivelamento, colocando o nível entre os traços já riscados.

Devemos encontrar a bolha entre os dois traços; caso contrário, o nível não apresenta um funcionamento preciso, portanto, não deve ser usado.

Para nivelarmos uma superfície, devemos fazê-lo em duas direções perpendiculares entre si.

Entre, também, o nível de mangueira, constituído de uma mangueira transparente, e que funciona pelo princípio de vasos comunicantes.

Conservação

- Deve-se protegê-lo do sol porque este altera a bolha e diminui a precisão, podendo inclusive inutilizá-lo.
- É necessário evitar os golpes que possam romper ou mover os tubos.
- É desaconselhável colocá-lo na água, pois esta poderá estragar o material que fixa os tubos ou manchar as marcas ou traços.

Nível de Mangueira

É uma operação que consiste em transportar pontos ou referências, com auxílio de uma mangueira de plástico transparente e cheia de água.

É utilizada na construção, a fim de estabelecer pontos de nível distante que, se determinados pelo nível de bolha, apresentariam imprecisões.

Processo de execução

1° Passo

- Prepare a mangueira.
- Desenrole a mangueira, se necessário.
- Encha de água a mangueira, colocando uma de suas pontas no bico de uma torneira.

Verifique se as superfícies de água nos dois extremos da mangueira estão na mesma altura.

Observações

- A mangueira deve ser de plástico transparente.
- É necessário que esteja limpa e sem dobras.
- Não devem existir vazamentos nem bolhas de ar dentro da mangueira com água.

Deve-se deixar uma folga de 10 a 15 cm entre a superfície de água em repouso, dentro do tubo, e os extremos.

2° Passo

Conduza a mangueira até o local de nivelamento. É necessário tampar os extremos da mangueira com os polegares.

3º Passo

Inicie o nivelamento. A partir desse passo, o operador necessita de um auxiliar para realizar a operação.

Determine um ponto de referência inicial numa parede ou numa escala bem fixada no terreno.

Observações

O ponto inicial deverá facilitar o atendimento às condições do projeto.

É necessário colocar este ponto a uma altura que facilite a execução do nivelamento, isto é, cerca de um metro acima do piso de trabalho.

Marque, com um lápis ou giz, um traço horizontal no ponto determinado.

Para facilitar a identificação do traço de referência inicial, coloque um símbolo abaixo do mesmo.

Coloque uma das pontas da mangueira sobre o ponto inicial, segurada pelo ajudante, mantendo fechado o orifício da mangueira.

- A superfície da água deve estar bem próxima da marca.
- Outro extremo da mangueira também permanece fechado pelo polegar do operador.
- Conduza a outra ponta para um segundo local onde marcará o ponto de nível como no primeiro.
- Os locais dos pontos a serem marcados devem ser escolhidos previamente.
- Quando os locais dos pontos estão muito afastados, colocam-se locais intermediários provisórios em função do comprimento da mangueira.
- Coloque a outra ponta sobre o local que esteja aproximado da altura do primeiro ponto de referência.

- Continue a manter os dois orifícios da mangueira fechados.
- Destampe a ponta da mangueira e avise o auxiliar para fazer o mesmo no ponto inicial.

4º Passo

Execute o nivelamento.

Avise o ajudante para colocar o nível da superfície da água da mangueira, na mesma altura do traço inicial (figura abaixo).

Acompanhe os movimentos do ajudante, suspendendo ou abaixando a ponta da mangueira.

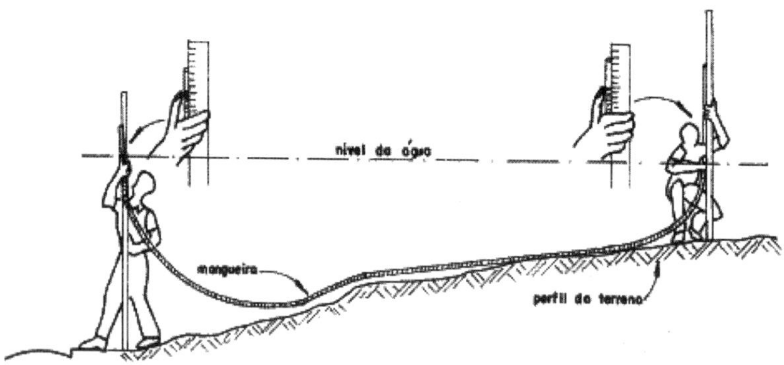

Ilustração 6- Mangueira de Nível

Observações:

O movimento de subida e descida é necessário para que a água não transborde do tubo.

Marque o segundo ponto, riscando na parede, um traço com lápis ou giz, que esteja na mesma altura da superfície da água na extremidade da mangueira.

Observações:

- O segundo traço deve ser dado pelo operador quando o ajudante avisar que a superfície da água, na outra extremidade da mangueira, coincide com o primeiro traço.

- Deve-se fazer a marcação de modo que seja fácil encontrar o traço.

5º Passo

Prossiga nas marcações, repetindo o 3º e o 4º passo, até completar o nivelamento.

Observação:

É necessário confirmar a precisão da operação, fechando os pontos nivelados, isto é, conferindo se o último ponto está no mesmo que o primeiro. Caso não esteja, será preciso refazer o trabalho para eliminar o erro.

Prumo

É constituído de um corpo cilíndrico e metálico. Possui um orifício em seu centro de onde sai um cordão (do mesmo diâmetro do orifício) o qual suporta uma noz (podendo ser metálica ou de madeira). A noz desliza livremente pelo cordão.

Prumo de Face
Face dois tipos de formatos diferentes de prumos.

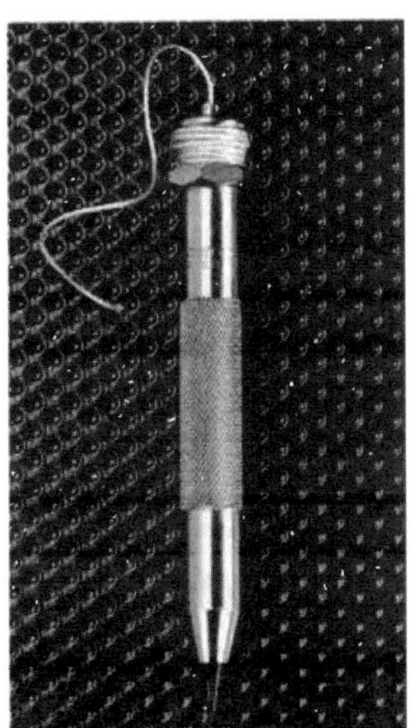

Ilustração 7- Prumo

Suas condições indispensáveis são:

- O corpo deve ser cilíndrico e o orifício deve estar exatamente no centro do cilindro.

- O peso deve ser o necessário para o trabalho e o local em que é empregado, com o objetivo de que o ar não o faça oscilar em excesso.

- A noz deve ter o comprimento de 1mm maior que o diâmetro do corpo (cilindro), e seu orifício deve ser igual ao do prumo (corpo) e estar precisamente na meta de seu comprimento.

Prumo de Centro

Também conhecido como **prumo pião**, seu corpo possui a forma de um cone.

Utilizado para determinar centro ou eixos, com ou sem utilização de linhas.

Colocando o cordão do prumo em um ponto ou em uma linha determinada e fazendo o corpo deslizar até o local desejado, transportar o ponto e a linha, a ponta do prumo marcará ou indicará o prumo exato.

Precauções

- Mantê-lo sempre limpo.
- Não deixá-lo em local onde possa cair ou romper o cordão.

Deve-se manter o cordão em bom estado.

Capítulo 4

Introdução à Metalurgia

4.1 – Materiais de Uso na Construção Naval, Offshore e Mecânica

Na indústria da Construção Naval, Offshore e Mecânica, o AÇO é um material com larga utilização devido as suas propriedades. Entretanto, outros materiais também fazem parte deste processo, tais como, cobre, latão, monel e os mais novos materiais, como os compósitos.

Neste nosso estudo iremos falar sobre o AÇO e suas ligas, por questões práticas.

<u>AÇO</u> - É uma liga ferro-carbono que contém de 0 a 2% de Carbono (na prática 0.05% a 1.7 %). Apresenta também pequenas porcentagens de silício, manganês, fósforo e enxofre.

Na composição do AÇO, o ferro – Fe - é o elemento mais importante, seguido do carbono – C, sendo o elemento determinístico do aço, pois, o percentual de carbono define o tipo de aço.

O aumento do teor de carbono aumenta a dureza e a resistência à tração e diminui a sua ductilidade.

Principais elementos de liga e suas implicações nos AÇOS.

Silício – Si - torna o aço mais duro e tenaz, evita a porosidade, remove os gases, os óxidos, as falhas e vazios na massa do aço.

Fósforo – P – quando em teor elevado torna o aço frágil e quebradiço, motivo pelo qual se deve reduzi-lo ao mínimo.

Enxofre – S – é um elemento prejudicial ao aço, tornando-o com uma granulação grosseira e áspera. Diminui a resistência mecânica do aço.

Alumínio – Al – é um elemento utilizado como desoxidante dos aços.

Cromo – Cr – este elemento aumenta a resistência à corrosão, melhora a resistência mecânica em altas temperaturas e a resistência ao desgaste.

Manganês – Mn – Aumenta a endurecibilidade do aço.

Molibdênio – Mo – Melhora a resistência à corrosão dos aços inoxidáveis, aumenta a resistência à fragilidade no revenido, aumenta a resistência mecânica em alta temperatura e a dureza.

O aço ao ser produzido contém impurezas e gases, que são indesejados. Para tanto, utiliza-se da adição de desoxidantes como o ALUMÍNIO e o SILÍCIO que reagem com o OXIGÊNIO, desgaseificando o AÇO. A este processo, denomina-se de ACALMAR o aço.

Os aços são classificados de acordo com a sua composição, sendo assim designados:

AÇOS-CARBONO
AÇOS-LIGA
AÇOS INOXIDÁVEIS

4.2 – Estruturas Cristalinas

Os aços assim como outros materiais são feitos de átomos e estes átomos se arrumam em forma de cristais. Entendemos como estrutura cristalina um arranjo tridimensional regular e repetitivo dos átomos no espaço.

No estudo da metalurgia, consideramos a CÉLULA UNITÁRIA, aquela que seja capaz de representar o material cristalino.

As células unitárias foram classificadas por Bravais, em sete redes espaciais.

- Cúbica
- Tetragonal
- Ortorrômbica
- Monoclínica
- Triclínica
- Hexagonal
- Romboédrica

Algumas destas redes permitem variações espaciais das CÉLULAS UNITÁRIAS a saber:

- Simples
- Base Centrada
- Corpo Centrado
- Face Centrada

A seguir, exemplificaremos os tipos de cristais ou células unitárias.

Cristais Cúbicos

Estes cristais podem ser de três tipos:

- Cúbico simples (CS)
- Cúbico de Corpo Centrado (CCC)

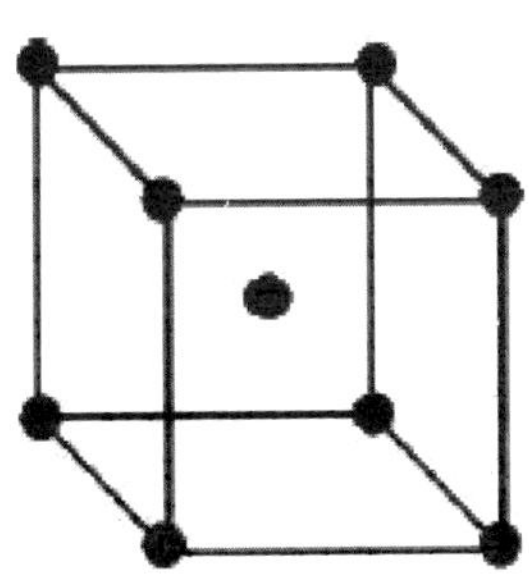

Cúbico de Corpo Centrado (CCC)

- Cúbico de Face Centrada (CFC)

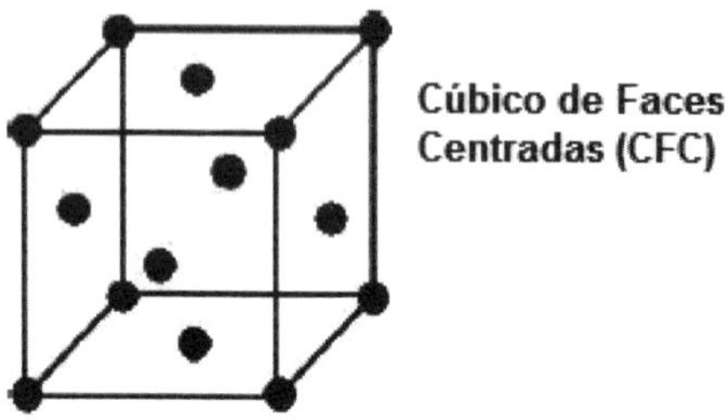

- Hexagonal Compacto (HC)

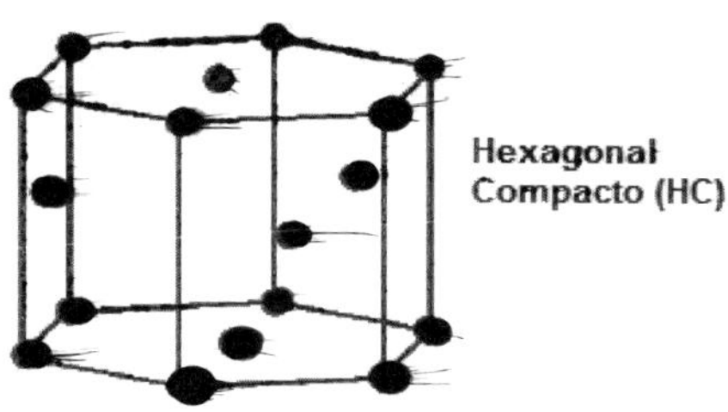

Características das Fases do Ferro – Analisando o Diagrama Fe-C

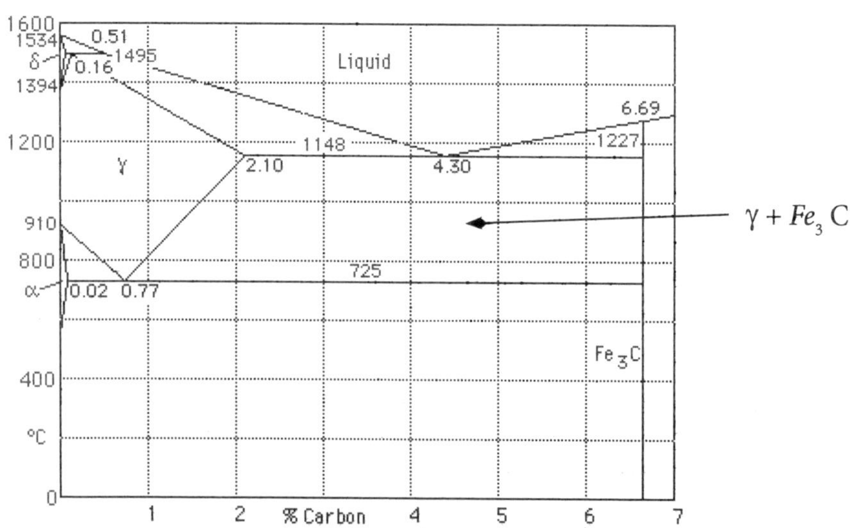

Ilustração -Diagrama Fe-C

FERRO α (ALFA) = FERRITA

Este constituinte está formado por uma solução sólida de inserção de carbono em ferro alfa.
É pouco resistente à penetração (dureza baixa), é tenaz e maleável.
Estrutura Cristalina = Cúbico de Corpo Centrado (CCC)
Temperatura = até 912 °C
Magnético até 768 °C (temperatura de Curie)
Solubilidade máxima do Carbono= 0,02% a 727 °C

FERRO γ (GAMA) = AUSTENITA

É uma solução sólida de carbono em ferro gama.
Somente é estável as temperaturas superiores a 723 °C.
Transforma-se em ferrita e cementita por reação eutetoide, a temperaturas inferiores a 723°C.
Estrutura Cristalina = Cúbico de Face Centrada (CFC)
Temperatura = de 912 °C a 1394 °C
Não Magnética
Solubilidade máxima do Carbono= 2,14% a 1148 °C

FERRO δ (DELTA) = FERRITA δ

Estrutura Cristalina = Cúbico de Corpo Centrado (CCC)
Temperatura = acima de 1394 °C
Não Magnética

De pouco interesse comercial, visto que só existe na fase líquida

CEMENTITA (Fe3C) Estrutura ortorrômbica. 6,67% em peso de carbono e 25% atômico de carbono. Apresenta elevada dureza, baixa resistência, baixa ductilidade e baixa tenacidade.

PERLITA – Consiste na mistura mecânica das fases ferrita (88,5% em peso) e cementita (11,5% em peso). As suas propriedades se situam entre as propriedades da ferrita e da austenita, dependendo do tamanho e espaçamento das lamelas de cementita.

4.3 – Nomenclaturas dos Aços

As normas nas quais a nomenclatura é definida, são baseadas na AISI (American Iron and Steel Institute), pela SAE (Society of Automotive Engineers) e ABNT (Associação Brasileira de Normas Técnicas) (NB-82).

Tipos de aços	Número AISI ou SAE	Composição do Aço
Carbono	10xx	Aço-Carbono simples
	11xx	Aço-carbono (resulfurizado – boa usinabilidade)
	13xx	Manganês (1,5% - 2,0%)
Niquel	20xx	Níquel (0,50%)
	21xx	Níquel (1,50%)
	23xx	Níquel (3,25% - 3,75%)
	25xx	Níquel (4,75% - 5,25%)
Ni-Cr	31xx	Níquel (1,10% - 1,40%), Cromo (0,55% -0,90%)
	31xx	Níquel (1,25 %) , Cromo (0,65%)
	33xx	Níquel (3,25% - 3,75%), Cromo (1,40 % - 1,75%)
Molibdênio	40xx	Molibdênio (0,20% - 0,30%)
	41xx	Cromo (0,40% - 1,20 %), Molibdênio (0,08 % - 0,25 %)
	43xx	Níquel (1,65% - 2,00%), Cromo (0,40%- 0,90%),Mo (0,20-0,30%)
	46xx	Níquel (1,40-2,00%), Molibdênio (0,15 –0,30%)
	48xx	Níquel (3,25-3,75%), Molibdênio (0,20 –0,30%)
Aços ao Cr	51xx	Cromo (0,70 – 1,20 %)
Aços Cr-Vn	61xx	Cromo (0,70 – 1,00 %), Vanádio (0,10%)
Ni-Cr-Mo	81xx	Níquel (0,20- 0,70%), Cromo (0,30 – 0,55%), Molibdênio (0,08 – 0,15%)
	86xx	Níquel (0,30- 0,70%), Cromo (0,40 – 0,85%), Molibdênio (0,08 – 0,25%)
	87xx	Níquel (0,40- 0,70%), Cromo (0,40 – 0,60%), Molibdênio (0,20 – 0,30%)
Aços Silício	92xx	Silício (1,80 –2,00 %)

Legenda: XX – teor de carbono em centésimos por cento (0,XX%).

Mn – Todos os aços contêm cerca de 0,50%
B – Prefixo para aço Bressemer
C – Prefixo para aço Siemens-Martin
E – Prefixo para aço de forno elétrico.

Exemplo: Aço SAE 1045 – Contém 0,45% de Carbono

Aço SAE 8620 – Aço ao Níquel, Cromo e Molibdênio com 0,20% de Carbono

4.4 – Particularidades dos Aços Carbono

Como vimos anteriormente, os aços carbono são ligas de ferro-carbono, com uma concentração de carbono máxima de 2,00%, contendo pequenas porcentagens de manganês, fósforo, silício e enxofre, dentre outros elementos.

Dentre as particularidades dos aços carbono, pode-se citar a capacidade de resistir a esforços de tração e compressão, esforços cisalhantes, a grande capacidade de sofrer conformação, tanto a frio quanto a quente, capacidade de resistir à penetração, dentre outras.

Além dos componentes principais indicados, aos aços podem ser incorporados outros elementos químicos, para a remoção de alguns componentes prejudiciais, advindos da sucata, do mineral ou do combustível empregado no processo de fabricação, como o enxofre e o fósforo.

Outros elementos são adicionados intencionalmente para melhorar algumas características do aço, com a finalidade de aumentar a sua resistência, sua ductibilidade, sua dureza, sua tenacidade, ou para facilitar algum processo de fabricação, como usinagem e forjamento.

Dentre os elementos mais comuns a serem incorporados, pode-se citar os elementos de liga como o níquel, o cromo, o molibdênio, alumínio e outros.

O alumínio é muito utilizado para "acalmar" o aço, com papel importante na eliminação de gases, evitando-se, assim, a formação de um defeito chamado de "dupla-laminação".

4.5 – As Propriedades do Aço Carbono

As propriedades do aço carbono são influenciadas pelo teor de Carbono na liga. Deve-se considerar nesta análise o CARBONO EQUIVALENTE (CEQ), que é definido pela seguinte fórmula:

$$CEQ = C\% + \frac{(Mn\% + Si\%)}{6} + \frac{(Cr\% + Mo\% + V\%)}{5} + \frac{(Cu\% + Ni\%)}{15}$$

No gráfico a seguir, pode-se perceber com maior clareza a variação das propriedades mecânicas do aço, em função do seu CEQ.

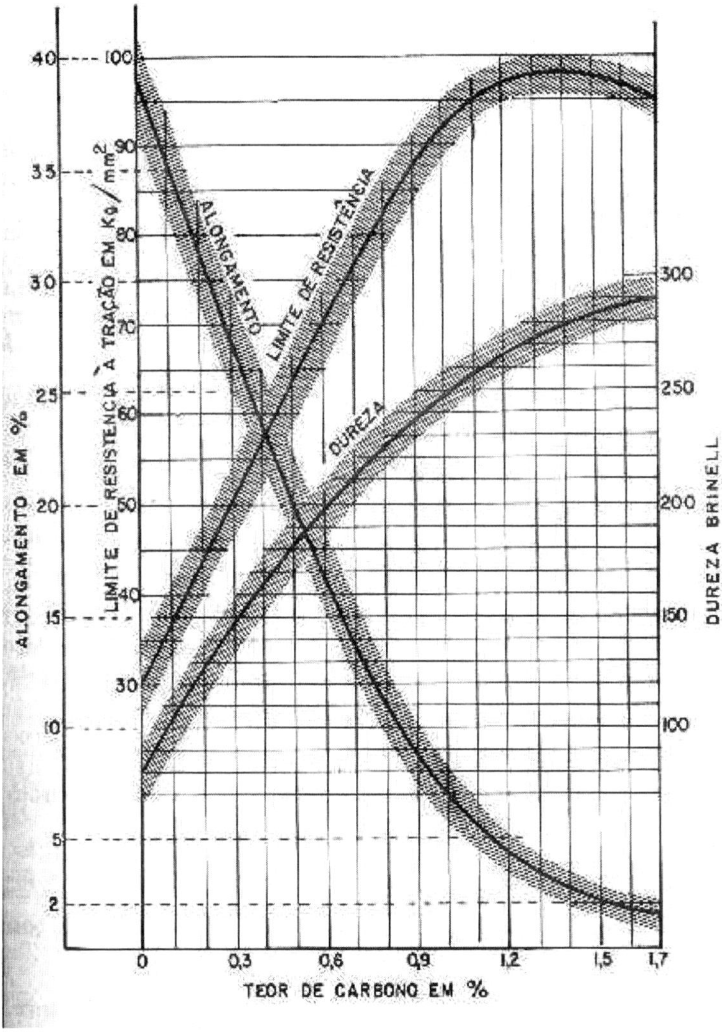

Ilustração 9-Propriedades mecânicas versus teor de carbono

Da análise do gráfico ao lado, podemos observar que:

a. O aumento do teor de Carbono reduz o alongamento;
b. O aumento do teor de Carbono aumenta o limite de resistência;
c. A dureza aumenta com o aumento do teor de Carbono.

4.6 – Classificação dos Aços Carbono – Quanto ao teor de carbono

4.6.1 – Aços De Baixo Carbono

Os aços classificados de baixo teor de carbono têm a seguinte composição e característica:

Análise Química	Composição Química	Carbono - C <= 0,18% Manganês – Mn <= 0,90% Silício – Si < 0,1%
Propriedades Mecânicas	Limite Resistência	32 – 38 kgf/mm2
	Limite Escoamento	15 – 22 kgf/mm2
	Característica de Fabricação	Aços não acalmados ou semi-acalmados
Aplicação	Materiais fáceis de trabalho a frio e boa soldabilidade	

Podem ser enquadrados nesta classificação os seguintes aços:

ASTM A 106 – Seamless Carbon Steel Pipe for High Temperature Service
ASTM A 36 – Carbon Structural Steel
ASTM A 131 – Structural Steel for Ships
ASTM A 283 – Low and Intermediate Tensile Strength Carbon Steel Plates

4.6.2 – Aços de Médio Carbono

Os aços classificados de médio teor de carbono têm a seguinte composição e característica:

Análise Química	Composição Química	Carbono - 0,18% < C <= 0,28% Manganês – Mn <= 1,00% Silício – Si < 0,1%
Propriedades Mecânicas	Limite Resistência	42 – 49 kgf/mm2
	Limite Escoamento	23 – 27 kgf/mm2
	Característica de Fabricação	Aços não acalmados ou semi-acalmados
Aplicação	Boa soldabilidade Mais difíceis de trabalho a frio Usados na fabricação de vasos de pressão e tubos de grande diâmetro	

Podem ser enquadrados nesta classificação os seguintes aços:

ASTM A 516 – Pressure Vessel Plates, Carbon Steel, for Moderate Lower Temperature Service.

ASTM A 285 - Pressure Vessel Plates, Carbon Steel, for Low and Intermediate Tensile Strength .

4.6.3 – Aços com Alto Teor de Carbono

Análise Química	Composição Química	Carbono – 0,85% < C <= 1,20%
Propriedades Mecânicas	Limite Resistência	59 – 78 kgf/mm2
	Limite Escoamento	45 – 57 kgf/mm2
Aplicação	Baixa soldabilidade Muito difícil de conformar Peças resistentes ao desgaste Usados na fabricação de trilhos, rodas ferroviárias, implementos agrícolas	

4.7 – Classificação dos Aços – Quanto à aplicação

4.7.1 – Aços para Baixas Temperaturas (Aplicações Criogênicas)

Os aços classificados para as aplicações em baixa temperatura têm a seguinte composição e característica:

Análise Química	Composição Química -	Carbono - C <= 0,23% Manganês – Mn <= 1,10%
Propriedades Mecânicas	Limite Resistência	42 – 49 kgf/mm2
	Limite Escoamento	23 – 27 kgf/mm2
	Característica de Fabricação	Aços acalmados ao Si ou Al

Aplicação	Serviços em baixa temperatura. O aumento do Mn proporciona a compensação da diminuição do C, mantendo os limites de resistência e escoamento aos níveis do aço de médio carbono com uma melhor tenacidade. Usualmente utiliza-se o processo de normalização. A adição de Alumínio refina o grão, melhora as propriedades mecânicas, aumentando a resistência ao impacto

4.7.2 – Aços Estruturais

Baixa Liga e Alta Resistência (Blar)

Os aços microligados são especificados pela sua resistência mecânica, e não pela sua composição química. São desenvolvidos a partir dos aços de baixo carbono (como o ASTM A-36), com pequenas adições de Mn (até 2%) e outros elementos em níveis muito pequenos. Estes aços apresentam maior resistência mecânica que os aços de baixo carbono idênticos, mantendo a ductilidade e a soldabilidade, e são destinados às estruturas onde a soldagem é um requisito importante, assim como a resistência.

Para a área de tubulação pode-se destacar os aços API X60, X65, X70 e X80.

AÇOS MICROLIGADOS		
CLASSIFICAÇÃO ASTM	LIMITE DE ESCOAMENTO (MPa)	ELEMENTOS DE LIGA
A 242	290 – 345	Mn, Cu, Cr, Ni
A 440	290 – 345	Mn,Cu, Si
A 441	275 – 345	Mn, V, Cu, Si
A 572	290 – 450	Mn, Nb, V, N
A 588	290 – 345	Mn, Nb, Cu, Cr, Si, Ti
A 606	240 – 345	Mn
A 607	290 – 485	Mn, Nb, V, Ni, Cu
A 618	345	Mn, Nb, V, Si
A 633	320 – 410	Mn, V, Cr,N, Cu
A 656	550	Mn,V,Al,N,Ti
A 715	345 – 550	Mn,V,Cr,Nb,N

4.8 – Aços-Liga (Baixa e Média Liga)

Denominamos como Aço-liga todos os aços que possuam em sua composição química qualquer quantidade de outros elementos, além dos já pertinentes a sua composição.

Os Aços-liga podem ser assim classificados:

- Aços de baixa liga – até 5% de elementos de liga
- Aços de média liga – de 5% a 10% de elementos de liga
- Aços de alta liga – mais de 10% de elementos de liga

Aços de Baixa e Média Liga

Os aços mais comuns na indústria petroquímica são:

a) Aços-liga – Molibdênio e Cromo-Molibdênio

Consideramos estes aços como aqueles que contêm até 1% e Mo e até 9% de Cr, como seus elementos de liga principais.

Estes aços são magnéticos e de estrutura ferrítica

Os mais utilizados são:

Elementos de liga % Nominal	Observações
½ Mo	Grande Resistência a alta temperatura
1,25% Cr, 0,5% Mo	
2,25% Cr, 1% Mo	
5 % Cr, 0,5% Mo	Resistente a Corrosão a Alta Temperatura (São temperáveis. Devem sofrer revenimento)
7 % Cr, 0,5% Mo	
9 % Cr, 1 % Mo	

Os aços-liga podem ser subdivididos em dois grupos, a saber:

- **Aços contendo até 2,5% de Cr**

Estes aços se aplicam em serviços em altas temperaturas, onde os esforços mecânicos forem elevados e a corrosividade do meio moderada.

A sua principal aplicação é em tubulações de vapor, cuja temperatura esteja acima do limite de temperatura admitida para o aço carbono.

- **Aços contendo mais de 2,5% de Cr**

São indicados para serviços em temperaturas elevadas, com esforços mecânicos moderados e alta corrosividade do meio.

São aplicados em tubulações, tubos de trocadores de calor e equipamentos de pequeno e médio porte em serviços com hidrocarbonetos em temperaturas acima de 250ºC

Aço Resistente à Corrosão (Aço Inoxídavel)

A oxidação é uma grande preocupação em construções metálicas e os engenheiros e todo o pessoal técnico envolvido, procuram evitar ou minimizar em seus projetos ou obras.

Para tanto, utilizam-se do **aço inoxidável**, que é uma liga de ferro e cromo, com o teor de cromo variando entre 13% a 27%, que tem alta resistência à oxidação.

Este aço inoxidável, pode conter também níquel, molibdênio e outros elementos. Ele apresenta propriedades físico-químicas superiores aos aços comuns.

A utilização do Cromo na liga do aço promove a reação do Oxigênio com o Cromo, formando uma camada protetora (passivadora), conforme demonstrado na equação que se segue.

$$Cr + 2O_2 + 2e^- \rightarrow (CrO_4)^{2-}$$

Os íons de $(CrO_4)^{2-}$ são adsorvidos pela superfície anódica, isolando-a, evitando, assim, as reações de oxidação.

Deve-se observar que na ausência de oxigênio, a reação $Cr \rightarrow Cr^{2+} + 2e^-$ pode ocorrer, levando a seguinte observação.

Aços que são passivos na presença de oxigênio ou ácidos na oxidantes como HNO_3 e H_2SO_4, podem se tornar ativos na presença de HCl, HF ou outros ácidos que não têm oxigênio.

Os aços inoxidáveis são classificados segundo a sua microestrutura, a saber:

- Ferríticos
- Austeníticos
- Martensíticos
- Duplex.

Tipos de Aço Inoxidável

Como mencionado anteriormente, podemos classificar o aço inox nos grupos: ferríticos, austeníticos, martensíticos e Duplex.

As diversas microestruturas dos aços são função da quantidade dos elementos de liga presentes. Existem basicamente dois grupos de elementos de liga: os que estabilizam a ferrite (Cr, Si, Mo, Ti e Nb); e os que estabilizam a austenita (Ni, C, N e Mn).

As diferentes propriedades dos aços inoxidáveis são obtidas por composição química e um processamento termo-mecânico adequado.

Aplicações dos Aços Inoxidáveis

Austenítico (resistente à corrosão) – São aços que contêm 16% a 26% de Cr, 6% a 22% de Ni, além de eventualmente outros elementos de liga.

Os mais importantes são os seguintes:

Designação AISI	Composição Nominal (%)
304	$C \leq 0{,}08$; $Mn \leq 2$; $Si \leq 1$; $18 \leq Cr \leq 20$; $8 \leq Ni \leq 10{,}5$
309	$C \leq 0{,}08$; $Mn \leq 2$; $Si \leq 1$; $22 \leq Cr \leq 24$; $12 \leq Ni \leq 15$
310	$C \leq 0{,}08$; $Mn \leq 2$; $Si \leq 1$; $24 \leq Cr \leq 26$; $19 \leq Ni \leq 22$
316	$C \leq 0{,}08$; $Mn \leq 2$; $Si \leq 1$; $16 \leq Cr \leq 20$; $10 \leq Ni \leq 14$; $2 \leq Mo \leq 3$
321	$C \leq 0{,}08$; $Mn \leq 2$; $Si \leq 1$; $17 \leq Cr \leq 19$; $9 \leq Ni \leq 12$; $Ti \leq 0{,}7$
347	$C \leq 0{,}08$; $Mn \leq 2$; $Si \leq 1$; $17 \leq Cr \leq 19$; $9 \leq Ni \leq 13$; $Cb+Ta \leq 1{,}1$

Devido a sua estrutura cristalina, os aços inoxidáveis austeníticos não são magnéticos. Eles também possuem grande dutilidade e elevado coeficiente de dilatação térmica, quando comparado com aços de estrutura ferrítica.

Ferrítico - Tem a sua resistência à corrosão menor do que os aços austeníticos. São mais baratos por não conter níquel.

A sua composição varia entre 12% a 30% de Cr, porém, não tem Ni.

Em virtude de sua estrutura cristalina, eles são magnéticos.

Martensítico – Da mesma forma que os aços inoxidáveis ferríticos, eles são magnéticos, tem entre 12% a 30% de Cr e resistência à corrosão inferior aos aços inoxidáveis austeníticos.

Alguns dos aços inoxidáveis ferríticos e martensíticos mais comuns

Designação AISI	Composição Nominal (%)
405	$C \leq 0{,}08$; $Mn \leq 1$; $Si \leq 1$; $11{,}5 \leq Cr \leq 14{,}5$; $Ni \leq 0{,}6$; $0{,}1 \leq Al \leq 0{,}3$
410	$C \leq 0{,}08$; $Mn < 1$; $Si < 1$; $11{,}5 \leq Cr \leq 13{,}5$; $Ni \leq 0{,}75$
410S	$C \leq 0{,}08$; $Mn < 1$; $Si < 1$; $11{,}5 \leq Cr \leq 13{,}5$; $Ni < 0{,}6$
430	$C < 0{,}12$; $Mn < 1$; $Si < 1$; $16 \leq Cr \leq 18$; $Ni < 0{,}75$
446	$C < 0{,}20$; $Mn < 1{,}5$; $Si < 1$; $23 \leq Cr \leq 30$

Aço Duplex e SuperDuplex

Os aços Duplex e SuperDuplex pertencem à categoria dos aços Cr-Ni-Mo e devem ter Limite de Resistência à Pitting maior do que 35, ou seja, PRE > 35.

Na categoria dos aços Duplex, encontramos o aço 22-5-3, cujo PRE > 35 e o aço 25-7-3, cujo PRE > 37,5.

Em relação aos aços SuperDuplex, encontramos o aço 25-7-4 e o aço 26-6-3, onde o PRE > 40, para ambos.

A determinação do PRE é dada pela fórmula:

$$PRE = \%Cr + 3{,}3 \times (\%Mo + 0{,}5\% \, W) + 16 \times \%N$$

É a combinação de dois tipos de microestruturas: ferrítica e austenítica.

Sua principal característica é a excelente resistência à corrosão em meios agressivos devido a sua habilidade em se passivar, e permanecer no estado passivo em diversos meios aos quais é submetido.

Algumas Propriedades dos Aços Inoxidáveis

- Alta resistência à corrosão
- Resistência mecânica adequada
- Material inerte
- Facilidade de conformação
- Resistência a altas temperaturas
- Resistência a baixas temperaturas (abaixo de 0°C)
- Resistência às variações bruscas de temperatura

4.9 – Metais Não Ferrosos

Os metais não ferrosos têm o seu uso largamente difundido no processo da construção mecânica.

4.9.1 – Cobre – Símbolo químico – Cu

Características:

Cor :	vermelho-amarronzado
Ponto de Fusão:	1083 °C
Densidade	8,96 g / cm3 @ 20 °C

Excelente condutor de calor e eletricidade
Grande deformabilidade
Boa usinabilidade
Resistente à corrosão, exceto quando exposto a ambientes ácidos.

TIPOS DE COBRE (ABNT)

Cu ETP	Cobre eletrolítico tenaz – 99,90% Cu e 0,10% Ag
Cu FRHC	Cobre Refinado a Fogo de Alta Conductibilidade
Cu FRTP	Cobre Refinado a fogo tenaz, 99,85% Cu
Cu DLP	Cobre Desoxidado com fósforo (baixo teor de P)
Cu DHP	Cobre Desoxidado com alto teor de fósforo (P)
Cu OF	Cobre Isento de Oxigênio
Cu CAST	Cobre Refundido

4.9.2 – Latão – São ligas de Cu-Zn (Cobre e Zinco)

<u>Aplicação</u>

Latão 95-5 (95% Cu 5% Zn) – Fabricação de objetos decorativos

Cobre-zinco -85-15 (85% Cu 15% Zn) – Mais conhecido como latão vermelho

Cobre-Zinco 70-30 (70% Cu 30% Zn) – Boa resistência mecânica, excelente ductilidade. Aplicação em estampagem, tubos, permutadores de calor, etc.

TABELA DE LATÃO (alguns)

Nr ASTM	Descrição	Sigla	Propriedades Mecânicas	
			Escoamento	Dureza Brinell
210	Cobre-zinco 95-5	CuZn5	10-38 Kg/mm2	85-120
220	Cobre-zinco 90-10	CuZn10	9-42 Kg/mm2	55-125
230	Cobre-Zinco 85-15	CuZn15	10-42 Kg/mm2	60-135
260	Cobre-Zinco 70-30	CuZn30	12-48 Kg/mm2	65-160
280	Cobre-Zinco 60-40	CuZn40	16-45 Kg/mm2	65-165

4.9.3 – Bronze – São ligas de Cobre e Estanho.

Nr ASTM	Descrição	Sigla	Propriedades Mecânicas	
			Escoamento	Dureza Brinell
505	Cobre-Estanho 98-2	CuSn2	11-50 Kg/mm2	16-150
511	Cobre-Estanho 96-4	CuSn4	13-58 Kg/mm2	70-195
519	Cobre-Estanho 94-6	CuSn6	15-76 Kg/mm2	80-225
521	Cobre-Estanho 92-8	CuSn8	17-82 Kg/mm2	85-240
524	Cobre-Estanho 90-10	CuSn10	19-85 Kg/mm2	95-245

4.9.4 – Alumínio e suas Ligas

O alumínio, cujo símbolo é AL, é um metal leve, de cor prateada fosca, com uma densidade igual à 2,7 kgf/dcm3, o seu ponto de fusão é de 660°C e possui as seguintes características gerais:

- Alta conductibilidade elétrica
- Alta conductibilidade térmica
- Alta resistência à corrosão
- Boa soldabilidade
- Fácil de fundir
- Fácil de ser trabalhado
- Não é tóxico

Outra característica do alumínio é a sua capacidade de formar uma camada passivadora, que atua na proteção contra a corrosão.

Esta camada passivadora é formada pelo contato do alumínio com o ar, formando o óxido Al_2O_3. Este óxido é o responsável pela resistência à corrosão do alumínio.

Principais impurezas e suas consequências quando presentes em ligas de alumínio.

Ferro	====	Reduz a capacidade de trabalho a frio
Silício	====	Aumenta a resistência à tração
Cobre	====	Aumenta a resistência à tração

Ligas de alumínio

As ligas de alumínio são bastante utilizadas em diversas aplicações industriais, devido a sua elevada resistência e solidez.

O cobre, o magnésio e o silício são alguns dos elementos que mais se prestam a formar liga com o alumínio. Esse tipo de combinação, de que existem inúmeras variedades, é a chamada liga leve.

Dentre as ligas de maior interesse industrial, vale ressaltar o duralumínio (Düren), formado por 93,2 a 95,5% de alumínio, 3,5 a 5,5% de cobre, 0,5% de manganês, 0,5 a 0,8% de magnésio.

Terminologia para as Ligas de Alumínio

As ligas de alumínio recebem da AA – ALLUMINIUM ASSOCIATION e da ASTM – American Society for Testing Materials, a seguinte nomenclatura em função dos elementos de liga que a compõem.

Tabela das Ligas de Alumínio

Alumínio com 99% de pureza	1XXX
Cobre	2XXX
Manganês	3XXX
Silício	4XXX
Magnésio	5XXX
Magnésio e Silício	6XXX
Zinco	7XXX
Outros elementos	8XXX

Nomenclatura em função das Transformações na Estrutura

Classe	Descrição	Características
F	Como fabricado – Sem Tratamento Nenhum	
O	Recozido – recristalização para eliminar o encruamento	

H	Ligas encruadas por processo mecânico	H12 – ¼ -duro – encruamento; H14 – ½ - duro - encruamento; H16 – ¾ - duro – encruamento; H18 – duro – encruamento; H19 – extra-duro – encruamento; H22 e H24 – Encruado e recozido; H32 e H34 – Encruado e estabilizado.
T	Ligas Tratadas Termicamente	T1 – Esfriada e envelhecida naturalmente; T2 – Recozida (Ligas de Fundição); T3 – Trat. Térmico de solubilização e trabalhada a frio; T4 – Trat. Térmico de solubilização e envelhecida à temperatura ambiente; T5 – Envelhecida artificialmente; T6 – Solubilizado e envelhecido; T7 – Solubilizado e estabilizado; T8 – Solubilizado, trabalhado a frio e envelhecido artificialmente; T9 – Solubilizado, envelhecido artificialmente e encruado a frio; T10 – Envelhecido artificialmente.
W	Ligas Solubilizadas	

Características Das Ligas De Alumínio

- Alumínio Puro – 1XXX
    - Fácil conformação
    - Dúctil
    - Resistência Mecânica baixa
    - Boa condutividade elétrica
    - Bom acabamento
    - Fácil soldabilidade

- Alumínio – Cobre – 2XXX
    - Se contiver Mg,Mn ou Si, apresenta alta resistência mecânica
    - Ductilidade reduzida, exceto quando recozido
    - Soldagem por resistência

- Alumínio – Manganês - 3XXX
    - Têm propriedades mecânicas superiores ao do grupo 1XXX
    - O Mn reduz a ductilidade ligeiramente
    - Boa resistência à corrosão
    - Pode ser tratado térmicamente

- Alumínio – Silício – 4XXX
    - Apresenta baixo ponto de fusão
    - Boa fluidez
    - Cor cinza quando anodizado
    - Aplicados em projetos de arquitetura e decoração

- Alumínio – Magnésio – 5XXX

    - Boa resistência mecânica
    - Boa resistência à corrosão
    - Dúctil
    - Tratado Termicamente

Capítulo 5

Tratamento Térmico dos Aços

Tratamentos térmicos são usados quando queremos alterar as propriedades de um determinado material.

Os tratamentos térmicos mais usuais são:

- Têmpera
- Revenido
- Recozimento
- Cementação
- Nitretação

5.1 – Têmpera

De uma forma simples, podemos dizer que a Têmpera promove o aumento da dureza da peça. Entretanto, o que se deseja é o aumento da resistência e da tenacidade, medida pela resistência ao impacto.

A têmpera é conseguida pelo resfriamento do aço, após a sua austenitização em uma velocidade suficientemente rápida a fim de evitar transformações perlíticas e bainíticas na peça em questão.

Só é aplicada em aços com teor de carbono igual ou superior à 0,40%

Fases de Têmpera

1ª. Fase – Aquecimento (± 800 °C – aços-carbono)

2ª. Fase – Manutenção da temperatura
3ª. Fase – Resfriamento

- Óleo
- Água

Consequências da Têmpera

a) Aumento da dureza do aço
b) Aumento da fragilidade do aço

Material	Têmpera			
	Pré-aquecimento [°C]	Temperatura de Têmpera [°C]	Cor do aço	Meio de Têmpera
Aço 0,40% a 0,50% de C	500 °C	830°C	Vermelho	Água
Aço 0,60% a 0,80% de C	500 °C	790°C	Vermelho escuro	Água ou óleo
Aço 0,90%	500 °C	775 °C	Vermelho cereja	Óleo
Aço para molas	600 °C	875 °C	Vermelho claro	Óleo
Aço Rápido	550 °C a 900 °C	1300 °C	Branco	Óleo

O processo é aferido por intermédio de PIRÔMETROS, que são aparelhos que servem para controlar a temperatura durante o processo.

Tensões na Têmpera

Devido ao alto grau de severidade deste processo, temos o aparecimento de diferenças de temperatura entre o centro da peça e a superfície, bem acentuadas.

As tensões são devidas à:

Contração do aço durante o resfriamento
Expansão associada com a transformação martensítica
Mudanças bruscas de seção ou concentradores de tensões.

5.2 – Revenido

Este tratamento térmico se aplica após a têmpera, a fim de reduzir ou aliviar as tensões oriundas do processo de resfriamento e transformação na têmpera.

Produz um aumento da tenacidade, diminuindo a sua fragilidade.

Fases do Revenido

1ª Fase – aquecimento
2ª Fase – Manutenção da temperatura
3ª Fase- Resfriamento

Cores no Processo de Revenimento

Amarelo claro	210 ° C		Castanho avermelhado	270 ° C
Amarelo palha	220 ° C		Violeta	280 ° C
Amarelo	230 ° C		Azul escuro	290 ° C
Amarelo escuro	240 ° C		Azul marinho	300 ° C
Amarelo ouro	250 °C		Azul claro	310 ° C
Castanho claro	260 °C		Azul acinzentado	320 ° C

Ciclo da Têmpera

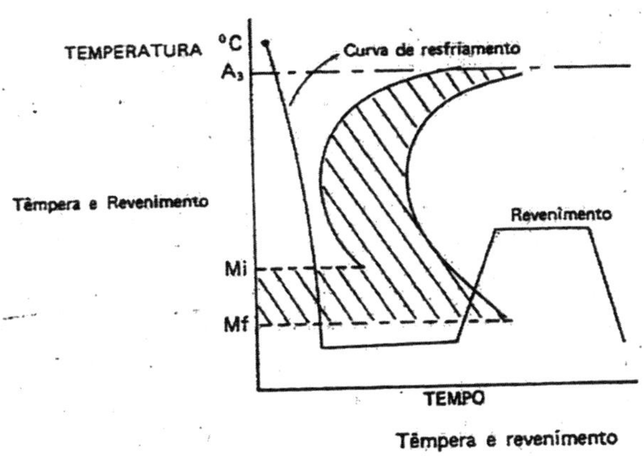

Ilustração 10 - Ciclo da Têmpera

5.3 – Recozimento

É o processo de tratamento térmico que tem por objetivo eliminar dureza de peças temperadas, aumentando a usinabilidade, facilitando o trabalho a frio ou obter-se microestrutura ou propriedades.

Os tipos de recozimento são:

- Recozimento pleno ou Recozimento
- Recozimento subcrítico
- Esferoidização

O recozimento pleno consiste na austenitização do aço, resfriando-o lentamente.

Aço Carbono	Temperatura de Austenitização [°C]	Ciclo de Resfriamento		Faixa de Dureza (Brinell) – HB
		De [°C]	Até [°C]	
SAE 1020	855-900	855	700	111-149
SAE 1025	855-900	855	700	111-149
SAE 1030	840-885	840	650	126-197
SAE 1045	790-870	790	650	156-217
SAE 1060	790-840	790	650	156-217

A taxa de resfriamento é de 25 °C/h , em forno.

5.4 – Cementação

Consiste no aumento superficial da porcentagem de carbono em um aço.

Cementação é a introdução de carbono na superfície de um aço de baixo teor, através de uma reação química, em temperatura superior a da zona crítica desse aço.

A cementação visa à alteração da composição química de uma camada superficial do aço, de modo que após a têmpera e revenimento, esta camada apresenta uma dureza mais elevada do que a do núcleo.

Em outras palavras, a cementação em si, não endurece a superfície do aço, mas aumenta o teor de carbono dessa superfície favorecendo o endurecimento superficial após o processo de têmpera a que for submetido, deixando o núcleo com dureza que conservam as propriedades mecânicas do aço.

Capítulo 6

Simbologia de Soldagem

A soldagem é um dos processos de fabricação mais utilizados em construção metálica e, por esta razão, se faz importante ao Caldeireiro e ao Encanador Industrial ter noções deste importante processo.

6.1 – Simbologia da Solda

O objetivo da introdução da simbologia da soldagem é o de criar um canal de comunicação entre o projetista e o soldador, passando, assim, as informações necessárias para a execução da solda.

Através desta simbologia, o soldador poderá saber detalhes sobre o formato da junta, do método de soldagem, da aparência e do acabamento do cordão de solda.

Estas simbologias são padronizadas através da ISO (International Standard Organization).

Algumas entidades internacionais e até mesmo brasileiras, também possuem as suas normas relativas ao assunto, dentre as quais podemos citar a AWS, JIS, BS, DIN e a ABNT (brasileira) possuía sua especificação, P-TB-2/1962.

Esta simbologia é composta de símbolos básicos e suplementares e, uma linha de referência.

Tipo de Solda		Símbolos Básicos	Observação
Juntas chanfradas	Aresta dupla		
	Aresta simples		
	Bordas paralelas		
	V , X		No caso de chanfro em X ou duplo V, Deve-se representar o X de forma simétrica em relação à linha de referência.
	1/2V , K		Deve-se representar o K de forma simétrica em relação à linha de referência e a linha vertical do símbolo deve ficar à esquerda.
	J		A linha vertical do símbolo deve estar à esquerda
	Duplo J		Deve-se representar o J de forma simétrica em relação à linha de referência e a linha vertical do símbolo deve ficar à esquerda.
	U		
	Duplo U		Deve-se representar o U de forma simétrica em relação à linha de referência e a linha vertical do símbolo deve ficar à esquerda.

6.2 – Simbologia Suplementar

Divisão		**Símbolos Suplementares**	**Observações**
Contorno da zona de solda	Reto	—	
	Convexo	⌒	Perfil do cordão convexo
	Côncavo	◡	Perfil do cordão côncavo
Acabamento da zona da solda	A talhadeira	C	Marcar **F** quando o método de acabamento não está especificado
	A esmeril	**G**	
	Por usinagem	**M**	
Soldagem no campo			Este símbolo pode ser omitido nos casos em que a soldagem em todo o contorno é evidente
Soldagem em todo o contorno		O	
Soldagem em todo o contorno no campo			

A outra extremidade da linha de referência pode apresentar o símbolo < ou >. Esse símbolo é chamado cauda. A cauda traz informações sobre procedimentos e normas estabelecidas por associações de soldagem, a fim de fazer ensaios, que, por sua vez, determinarão se a solda deve ser aceita ou não. Essas indicações são compostas de algarismos e letras, representativos do procedimento. Se não for necessária nenhuma especificação, não haverá nenhum símbolo na cauda.

Os símbolos de soldagem são inscritos abaixo ou acima da linha de referência.

Um símbolo colocado abaixo da linha de referência indica que a soldagem deve ser feita no lado da peça indicado pela seta; se o símbolo estiver acima da linha, a soldagem deverá ser feita no lado da peça oposto ao indicado pela seta.

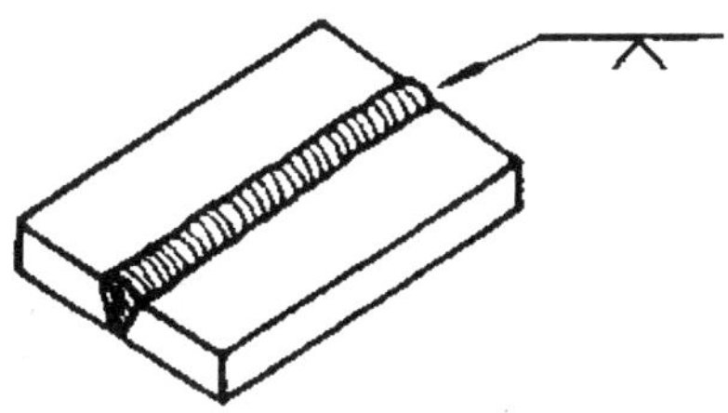

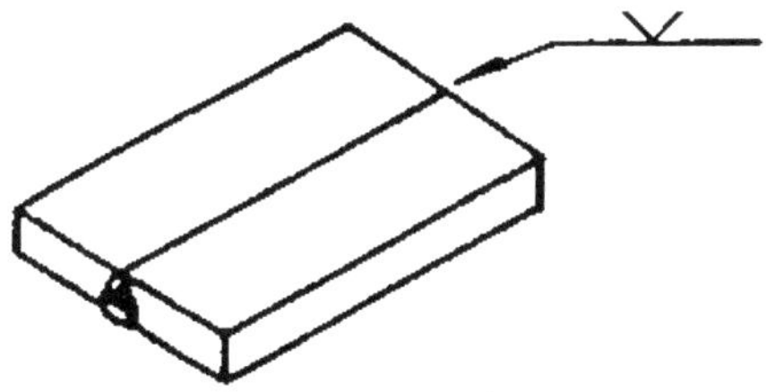

A seta pode ser colocada tanto na extremidade esquerda quanto na direita da linha de referência; cabe ao desenhista do projeto decidir a localização adequada, de acordo com o desenho.

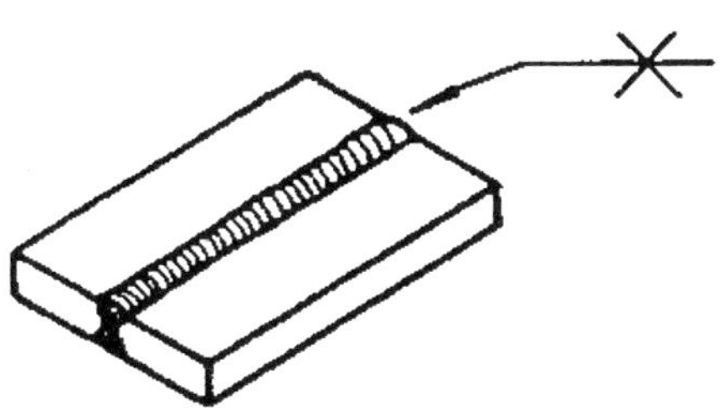

6.3 – Linhas de Definição na Simbologia de Solda

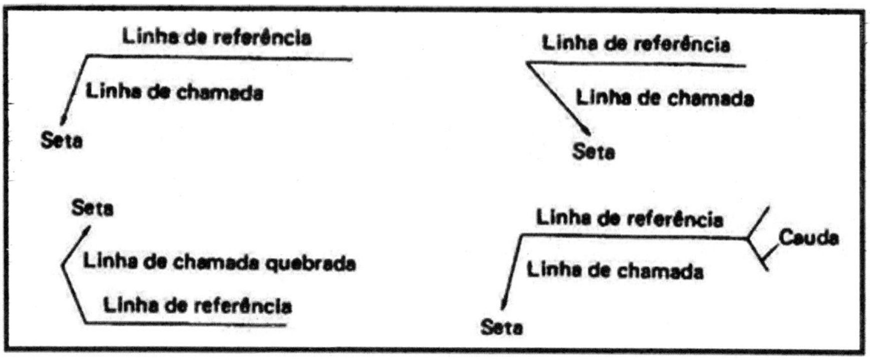

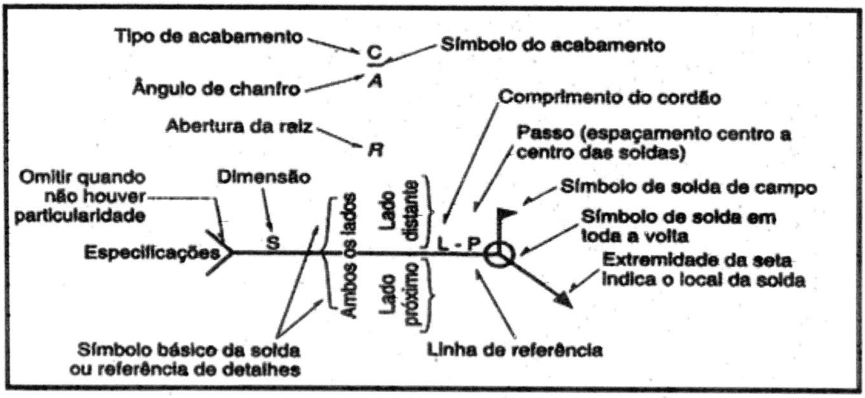

6.4 – Exemplos de Utilização dos Símbolos de Solda

Solda de Filete

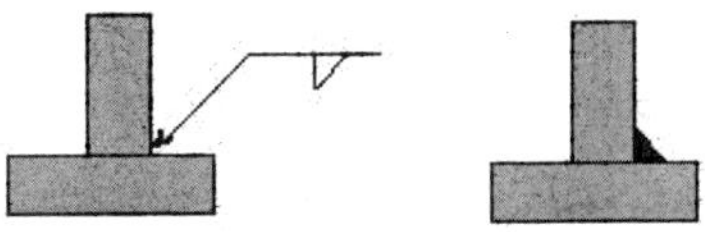

Solda de filete mesmo lado da seta

Solda de filete lado oposto da seta

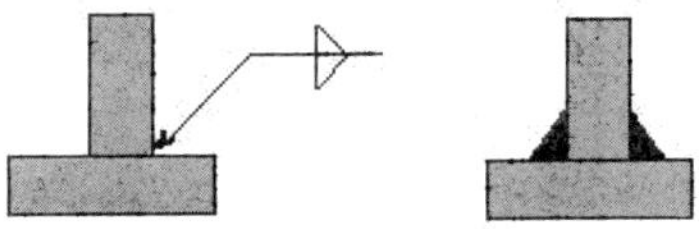

Solda de filete em ambos os lados

Solda de Topo

Chanfro em V - mesmo lado da seta

Chanfro em meio V - mesmo lado da seta

Chanfro em Duplo V ou X

A seta quebrada ou em zigue-zague indica o lado da junta que deverá ser chanfrado

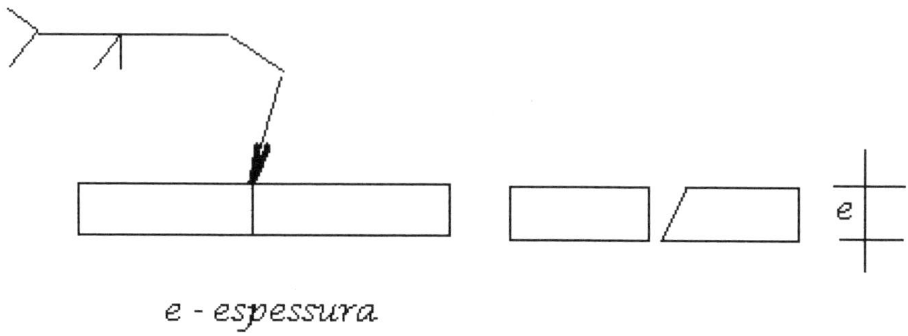

O segundo elemento a ser estudado na simbologia de soldagem é o tipo de junta e sua representação correspondente.

Os cinco tipos mais comuns ou usuais de junta são: de topo, em aresta, sobreposta, em ângulo ou "T" e em quina.

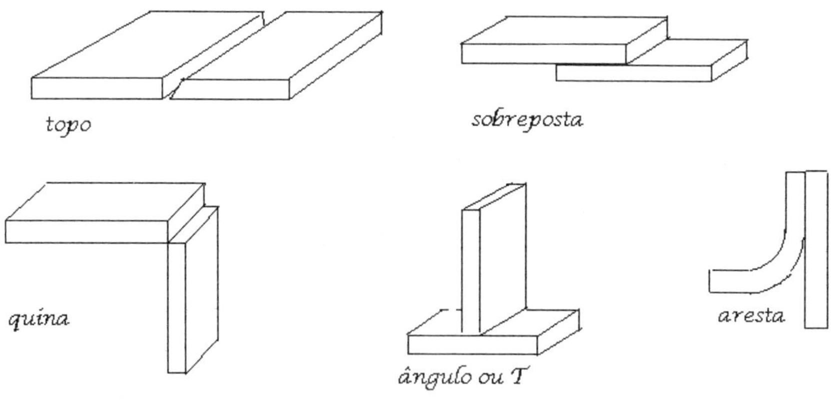

Capítulo 7

Processos de Soldagem

Os processos de soldagem mais comuns na construção mecânica são:

Soldagem por Eletrodo Revestido – SMAW
Soldagem por Arco Submerso – SAW
Tungsten Inert Gas – TIG
MIG/MAG – Metal Inert Gás / Metal Active Gás
FCAW – Flux Core Arc Welding
ERW – Eletric Resistance Welding

7.1 – Soldagem por Arco Elétrico

É um processo de soldagem por fusão, em que a fonte de calor é gerada por um aço elétrico formado entre um eletrodo e o objeto a ser soldado.

Fontes de Energia

Características das fontes de energia

- Transformar energia de alta tensão e baixa intensidade de corrente em energia caracterizada por baixa tensão e alta intensidade de corrente.

- Proporcionar corrente estável.

- Permitir regulagem de tensão e corrente

Tipos de fontes de Energia

- Transformadores
    - Fornecem corrente alternada - CA

- Transformadores-retificadores
    - Fornecem corrente contínua - CC

Polaridade

- Direta
    - A peça é o polo POSITIVO e o eletrodo o polo NEGATIVO

- Inversa
    - A peça é o polo NEGATIVO e o eletrodo o polo POSITIVO.

Geralmente usamos a soldagem em corrente contínua (CC), porque gera um arco mais estável e se ajusta melhor às condições de trabalho.

7.2 – Eletrodos Revestidos -SMAW

Os eletrodos revestidos são constituídos de uma alma metálica rodeada de um revestimento composto de matérias orgânicas e/ou minerais, de dosagens bem definidas.

O material da alma metálica depende do material a ser soldado, podendo ser da mesma natureza ou não do metal de base, uma vez que há a possibilidade de se utilizar revestimentos que complementem a composição química da alma.

O diâmetro indicado de um eletrodo corresponde sempre ao diâmetro da alma. Os diâmetros de mercado variam na faixa de 2 a 6 mm, embora existam eletrodos especiais com dimensões diferentes destas.

Conforme a espessura do revestimento pode-se classificar os eletrodos nos seguintes tipos. Fino; semi-espesso; espesso; muito espesso.

A intensidade de corrente necessária para a fusão dos eletrodos variará conforme uma série de fatores que veremos adiante, porém tomando por base apenas esta classificação dos tipos de revestimento, é possível estabelecer regras práticas que indicarão a corrente adequada para o trabalho, uma vez que para todos os eletrodos existem os limites máximos e mínimos de corrente.

Para os eletrodos de revestimento muito espesso pode-se considerar a fórmula apresentada a seguir:

$$I = (40 \text{ a } 60) * (d-1) \text{ em Ampéres}$$

onde:

I = Intensidade de corrente necessária para a soldagem do eletrodo.
d = Diâmetro da alma do eletrodo.

De acordo com a classificação AWS – American Welding Society, o elemento que se encontra em maior teor no revestimento é aquele que será utilizado como base.

Assim também será possível separar os eletrodos em função de sua composição química.

Esta classificação é a mais importante, pois é a que servirá de base para as normas internacionais.

Os grupos de revestimentos segundo esta classificação são apresentados a seguir:

7.3 – Tipos de Revestimentos para Eletrodo Revestido

7.3.1 – Revestimento Oxidante

Este revestimento é constituído principalmente de óxido de Ferro e Manganês.

Produz uma escória oxidante, abundante e de fácil remoção.

Utilização: CC ou CA e apresentam uma baixa penetração.

O metal depositado possui baixos teores de Carbono e Manganês e, embora os aspectos das soldagens produzidos em geral sejam muito bons, não é o eletrodo adequado para aplicações de elevado risco. Atualmente, a utilização desta forma de revestimento está em desuso.

7.3.2 – Revestimento Ácido

Este revestimento é constituído principalmente de óxido de Ferro, Manganês e Sílica.

Produz uma escória ácida, abundante e porosa e também de fácil remoção.

Este eletrodo pode ser utilizado nos dois tipos de corrente, apresenta penetração média e alta taxa de fusão, causando, por um lado, uma poça de fusão volumosa, e, em consequência disto, a limitação da aplicação às posições plana e filete horizontal.

As propriedades da solda são consideradas boas para diversas aplicações, embora sua resistência à formação de trincas de solidificação seja baixa. Apresentam também uma muito boa aparência do cordão.

7.3.3 – Revestimento Rutílico

Este revestimento contém grandes quantidades de rutilo ($TiO2$ - óxido de Titânio), e produz uma escória abundante, densa e de fácil remoção.

Estes eletrodos caracterizam-se por serem de fácil manipulação, e por poderem ser utilizados em qualquer posição, exceto nos casos em que contenham um grande teor de pó de Ferro.

Utilizados em corrente contínua ou alternada produzirão um cordão de bom aspecto, porém com penetração média ou baixa.

A resistência à fissuração a quente é relativamente baixa, e estes eletrodos são considerados de grande versatilidade e de uso geral.

7.3.4 – Revestimento Básico

Este revestimento contém grandes quantidades de carbonatos (de Cálcio ou outro material) e fluorita.

Estes componentes são os responsáveis pela geração de escória com características básicas que, em adição com o dióxido de Carbono gerado pela decomposição do carbonato, protege a solda do contato com a atmosfera.

Esta escória exerce uma ação benéfica sobre a solda dessulfurando-a e reduzindo o risco de trincas de solidificação.

Este revestimento desde que armazenado e manuseado corretamente, produzirá soldas com baixos teores de hidrogênio minimizando com isto os problemas de fissuração e fragilização induzidos por este elemento.

A penetração é média e o cordão apresenta boas propriedades mecânicas, particularmente em relação à tenacidade.

Os eletrodos com este revestimento são indicados para aplicações de alta responsabilidade, para soldagens de grandes espessuras e de elevado grau de travamento.

Além disto, é recomendado para soldagem de aços de pior soldabilidade como os aços de alto teor de Carbono e/ou Enxofre, ou aços de composição química desconhecida.

Por outro lado, este é o revestimento mais higroscópico de todos. Isto requererá cuidados especiais com o armazenamento e manuseio.

7.3.5 – Revestimento Celulósico

Este revestimento contém grandes quantidades de material orgânico (por exemplo, celulose), cuja decomposição pelo arco gera grandes quantidades de gases que protegem o metal líquido.

A quantidade de escória produzida é pequena, o arco é muito violento causando grande volume de respingos e alta penetração, quando comparado a outros tipos de revestimentos.

O aspecto do cordão produzido pelos eletrodos com este tipo de revestimento não é dos melhores, apresentando escamas irregulares.

As características mecânicas da solda são consideradas boas, com exceção da possibilidade de fragilização pelo Hidrogênio.

Estes eletrodos são particularmente recomendados para soldagens fora da posição plana, tendo grande aplicação na soldagem circunferencial de tubulações e na execução de passes de raiz em geral.

Devido sua elevada penetração e grandes perdas por respingos, não são recomendados para o enchimento de chanfros.

Nos casos das soldagens de aços, podemos ainda ter os tipos acima com adição de outros elementos de liga que teriam funções especiais durante a deposição.

O caso mais comum é a adição de pó de Ferro. Durante a soldagem, o pó de Ferro é fundido e incorporado à poça de fusão, causando as seguintes consequências:

- Melhora o aproveitamento da energia do arco.
- Aumenta a estabilização do arco (pelo menos em adições de até 50% em peso no revestimento).
- Torna o revestimento mais resistente ao calor, o que permite a utilização de correntes de soldagem com valores mais elevados.
- Aumenta a taxa de deposição do eletrodo.

Porém, como ocorre em diversas outras coisas, a adição de pó de Ferro no revestimento causará também alguns pontos desfavoráveis que são os seguintes:

- Aumento da poça de fusão.
- Aumento do grau de dificuldade de controlar a poça de fusão, dificultando

ou mesmo impossibilitando a soldagem fora da posição plana.

7.4 – Tabela de Utilização de Eletrodos Revestidos (SMAW)

Informações Técnicas	**Tipos de eletrodos**				
	Rutílico	Básico Baixo Hidrogênio	Celulósico	Ácido	Oxidante
Tipos e componentes de revestimento	Médio e Espesso	Espesso Contém Carbonato de cálcio Deve estar seco para evitar porosidade na solda	Fino Contém materiais orgânicos combustíveis, produzem uma camada espessa de gás protetor	Médio ou Espesso Óxido de Ferro e manganês Dentre outros desoxidantes	Espesso Contendo óxido de ferro com ou sem óxido de manganês
Posição de Soldagem	Todas	Todas	Todas	Plana e horizontal	Plana e Horizontal
Tipo de Corrente	CA ou CC	CA ou CC	CA ou CC	CA ou CC	CC
Polaridade	Direta ou inversa	CC - Direta	CC - Direta	CC - Inversa	Inversa
Propriedades Mecânicas de Depósito	Regulares	Muito boa Soldas de Responsabilidade	Boa	Boa	Pouca Utilizado para Acabamento
Velocidade de fusão	Regular	Regular	Elevada	Elevada	Elevada
Penetração	Pequena	Média	Grande	Média	Pequena
Escória	Densa e viscosa	Compacta e Espessa	Pouca	Ácida	Pesada
Tendência a Trinca	Regular	Baixa	Regular	Regular	Elevada

7.5 – Identifcação de EletrodoS - SMAW

De acordo com a norma AWS

AWS E XXXYZ

E – eletrodo para soldagem ao arco elétrico
Y – Indica a posição de soldagem

1- todas as posições
2- plana e horizontal
3- somente plana

XXX - Número que indica o limite de resistência do material do arame em ksi. (1 ksi = 1000 psi = 6,85MPa)

Z – Indica o tipo de revestimento e corrente

0 – Celulósico (sódio)	CC+		
1 – Celulósico (potássio)	CC+	CA	
2 - Rutílico (sódio)	CC-	CA	
3 – Rutílico (potássio)	CC+	CC-	CA
4 – Rutílico (pó de ferro)	CC+	CC-	CA
5 – Básico (sódio)	CC+		
6 – Básico (potássio)	CC+	CA	
7 – Ácido (pó de ferro)	CC-	CA	
8 – Básico (pó de ferro)	CC+	CA	

Exemplo: Eletrodo AWS E 7018

Limite de Resistência = 70 Ksi
Posição de Soldagem - 1 - Todas as posições
Revestimento - Básico (pó de ferro)

7.6 – Características do Processo por Eletrodo Revestido (SMAW)

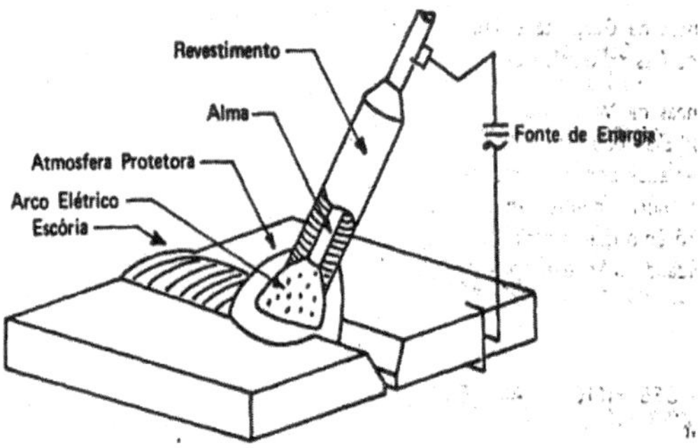

TIPO DE OPERAÇÃO: Manual	Equipamentos: gerador, transformador, retificador.
CARACTERISTICAS: Taxa de deposição: 1 a 5 kg/h Espessuras soldadas: > 2mm Posições: Todas (depende do revestimento) Tipos de juntas: Todas Diluição: de 10 a 30% Faixa de corrente: 75 a 300 A	Consumíveis: - Eletrodos de 1 a 6 mm de diâmetro. - Revestimento de 1 a 5 mm de espessura.
APLICAÇÕES TÍPICAS NA INDÚSTRIA DE PETRÓLEO E PETROQUÍMICA Soldagem da maioria dos metais e ligas empregadas em caldeiraria, tubulação, estruturas e revestimentos.	

Vantagens:	**Limitações**:
- Baixo custo; - Versatilidade; - Operação em locais de difícil acesso; - Solda a maioria dos metais; - Todas as espessuras.	- Lento devido à baixa taxa de deposição; - Necessidade de remoção de escória; - Requer habilidade manual do soldador.
SEGURANÇA: O arco elétrico emite radiações visíveis e ultravioletas. Risco de choques elétricos, queimaduras e projeções. Gases (atmosfera protetora).	

7.7 – Corte por Oxicombustível

O corte oxiacetilênico é um procedimento térmico para cortar aços carbono.

O procedimento se fundamenta na propriedade dos aços se oxidarem rapidamente quando em contato com o oxigênio puro, ao atingirem a temperatura de queima, aproximadamente 1200 °C.

Antes de se falar nos procedimentos operacionais, deve-se falar um pouco sobre os gases que são utilizados neste processo.

Um dos gases mais utilizados é o ACETILENO (C_2H_2), que é obtido através da reação química.

$$CaC_2 + 2H_2 - C_2H_2 + (OH)_2$$

O acetileno é um hidrocarboneto que contém, em peso, uma porcentagem maior de carbono do que qualquer outro gás hidrocarboneto combustível.

É incolor e menos denso que o ar. É instável quando a sua temperatura ultrapassa 780ºC ou a sua pressão manométrica excede 20N/cm2 (2 kgf/cm2 ou 2 bar)

É um gás que deve ser manuseado com cuidado.

CHAMAS

As chamas obtidas neste processo são oriundas da combustão do acetileno com o oxigênio, gerando as seguintes configurações:

1ª Fase – Dardo

$$C_2H_2 + O_2 - 2CO + H^2$$

2ª Fase – Penacho

$$2CO + O_2 - 2CO_2$$

$$2H_2 + O_2 - H_2O$$

As chamas em função da quantidade de combustível são assim definidas:

- Chamas Carburizantes – Excesso de acetileno
- Chamas Neutras – Relação entre oxigênio e acetileno é 1:1
- Chamas Oxidantes – Excesso de oxigênio

Relação de Consumo a=O2/C2H2	Tipo de Chama	Formato da Chama	Características
a=1	NORMAL	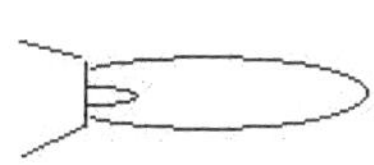 Dardo Branco, brilhante e arredondado	Normal
a<1	REDUTORA	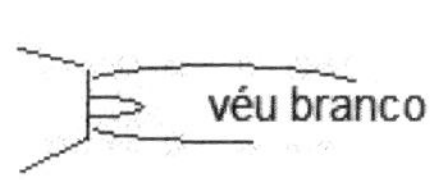 Penacho -verde $C_2H_2+a * 0_2 - 2a * 0 + H_2 + 2 (1 - a)C$	-Chama menos quente; - Na soldagem de aços carbono fornece uma junta porosa e frágil; - Enchimentos duros.

a>1	OXIDANTE	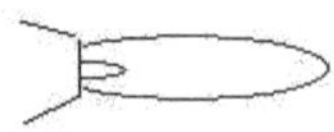 Dardo branco, pequeno e ponteagudo Penacho - azulado	- ruído característico; - soldagem latão; - máxima temperatura de chama.

7.7.1 – Procedimento

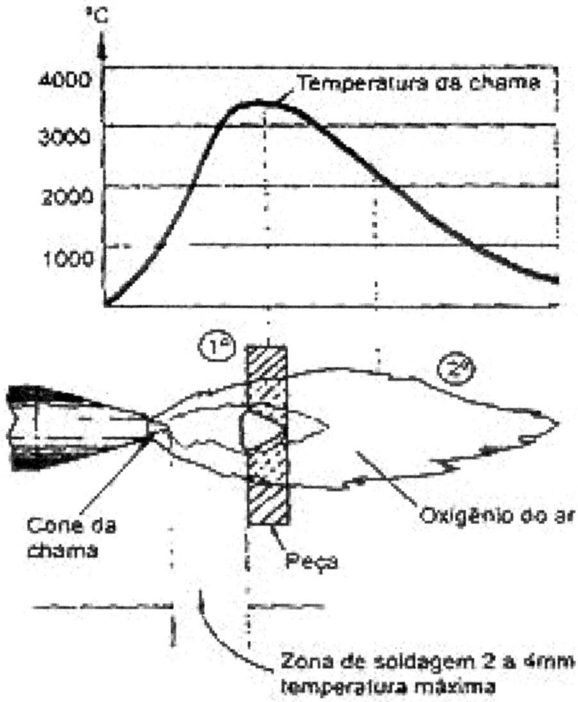

Através da chama de aquecimento prévio do maçarico de corte, o aço é aquecido à temperatura de queima, a qual é inferior à temperatura de fusão. Após atingir essa temperatura, abre-se a válvula de oxigênio puro.

O oxigênio puro sob pressão atua na região de corte provocando grande oxidação e a consequente queima do aço.

A combustão se processa rapidamente, porém, apenas na região em que incide o jato de oxigênio. Com a queima, produz-se óxido, que possui grande fluidez e é eliminado pelo jato de oxigênio.

Como fazer o corte

Escolher o bico de corte conforme a espessura a ser cortada;
Abrir as válvulas dos cilindros e pré-ajustar a pressão de trabalho;
Abrir o ACETILENO;
Acender a chama usando o acendedor apropriado. NUNCA USE ISQUEIRO;
Regular a chama;
Apagar a chama. PRIMEIRO feche o acetileno e só depois o OXIGÊNIO.

TABELA DE OXICORTE

Espessura (mm)	Bico (n°)	Pressão dos Gases (kg / cm2)		Velocidade de corte (cm / min)	Consumo de gases (m3 / h)	
		Oxigênio	Acetileno		Oxigênio	Acetileno
3,2	2	1,5 -1,4	0,35	92	0,95	0,25
6,4	3	1,75-2,18	0,42	76	1,25	0,28
9,5	3	1,50-2,10	0,35	64	1,70	0,30
12,7	3	2,18-2,60	0,35	51	2,00	0,33
15,9	4	2,80-3,21	0,42	46	2,32	0,36
19,1	4	1,60-2,15	0,35	41	2,74	0,39
25,4	6	2,20-2,62	0,42	35,7	3,41	0,45
38,1	6	3,30-4,15	0,49	33,2	4,71	0,51
50,8	8	2,40-2,80	0,35	28,1	5,50	0,56
76,2	8	3,00-3,50	0,35	25,4	6,50	0,64
100	8	4,55-5,30	0,42	23,0	8,80	0,70
125	8	4,20-4,55	0,49	20,0	11,40	0,86
150	10	4,90-5,40	0,56	17,8	13,00	1,00

7.8 – Características da Soldagem a Oxicombustível

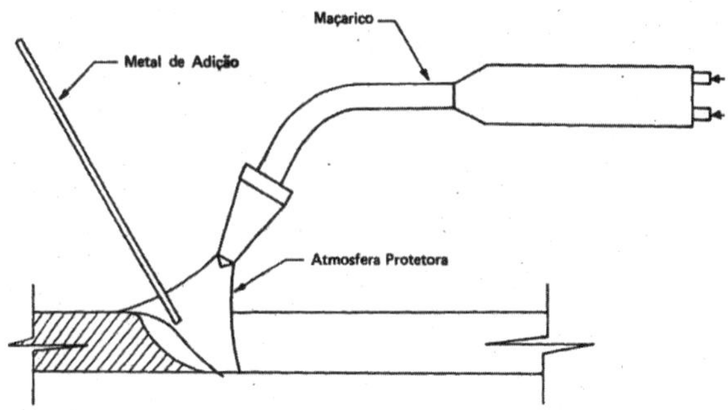

<table>
<tr><td>TIPO DE OPERAÇÃO: Manual</td><td>Equipamentos: Cilindros de Oxigênio e de Gás combustível, Válvulas e Expansores, Maçaricos</td></tr>
<tr><td>CARACTERISTICAS:

Taxa de deposição: 0,2 A 1KG/H
Espessuras soldadas: 0,5 a 3mm
Posições: Todas
Tipos de juntas: Todas
Diluição: De 2ª 20%</td><td>Consumíveis:
Oxigênio
Gás combustível
Vareta
Fluxos</td></tr>
<tr><td colspan="2">APLICAÇÕES TÍPICAS NA INDÚSTRIA DE PETRÓLEO E PETROQUÍMICA

Soldagem de tubos de pequeno diâmetro e espessura
Soldagem de revestimento resistente à abrasão</td></tr>
<tr><td>Vantagens:

- Baixo custo;
- Portátil;
- Não demanda energia elétrica;
- Controle de Operação.</td><td>Limitações:

- Requer habilidades do soldador;
- Taxa de deposição baixa;
- Superaquecimento.</td></tr>
<tr><td colspan="2">SEGURANÇA:

Risco de explosão dos cilindros de gases.</td></tr>
</table>

7.9 – Característica da Soldagem a Arco SubmersO (SAW – Submerged Arc Welding)

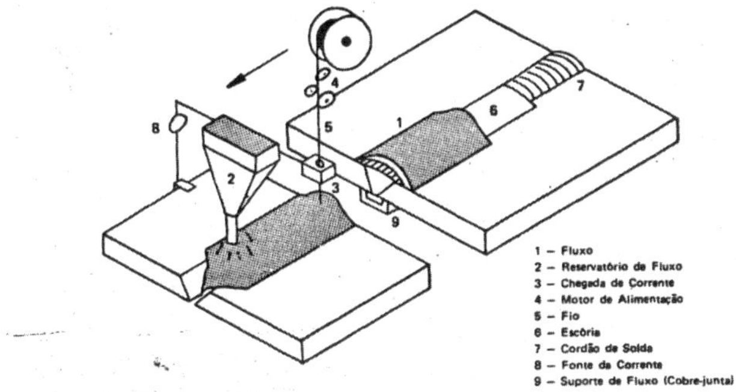

TIPO DE OPERAÇÃO: Automática	Equipamentos: Gerador, transformador, retificador. - Silo fluxo – Aspirador Cabeça de Soldagem: constituída de painel, alimentação de arame e alimentação elétrica.
CARACTERÍSTICAS: Taxa de deposição: - Arame = 6 a 15 kg/h - Fita = 8 a 20 kg/h Espessuras soldadas: > 5mm Posições: Plana e horizontal. Tipos usuais de junta: de topo e em ângulo. Diluição: - Arame = 50 a 80% - Fita = 5 a 20% Faixa de corrente: 350 a 2000 A	Consumíveis: Arame Fita Fluxo

<table>
<tr><td colspan="2">APLICAÇÕES TÍPICAS NA INDÚSTRIA DE PETRÓLEO E PETROQUÍMICA

Soldagem dos aços carbono e de baixa liga na fabricação de vasos de pressão, tubos c/ costura e tanques de armazenamento.

Revestimento resistente à abrasão, erosão e corrosão.</td></tr>
<tr><td>Vantagens:
- Taxa de deposição elevada;
- Automatizado;
- Bom acabamento;
- Soldas com bom grau de compacidade;
- Alta qualidade de solda e revestimento.</td><td>Limitações:
- Requer ajuste preciso das peças;
- Limitado p/ posições plana e horizontal;
- A tenacidade ao entalhe das soldas pode ser baixa.</td></tr>
<tr><td colspan="2">SEGURANÇA:
Poucos problemas. O arco é encoberto pelo fluxo.</td></tr>
</table>

7.10 – Característica da Soldagem a Arame Tubular (FCAW)

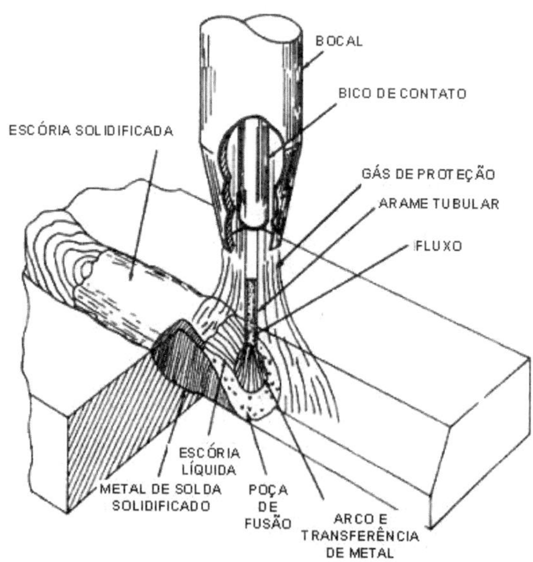

<table>
<tr><td>TIPO DE OPERAÇÃO:

Manual ou Automática</td><td>Equipamentos: Retificador, gerador, transformador, pistola, cilindro de gás, unidade de alimentação de arame, unidade de deslocamento (automático).</td></tr>
<tr><td>CARACTERÍSTICAS:

Taxa de deposição: 1 a 15 kg/h
Espessuras soldadas:
Curto-circuito – espessura até 0,5 mm
Aerosol Axial – espessura > 6 mm
Posições: Todas
Tipos de juntas: Todas
Diluição: 10 a 30%
Faixa de corrente: 60 a 500A</td><td>Consumíveis:

Arame: 0,5 a 1,6 mm
Tubular .....2 mm

Gases: Argônio
Helio
CO_2
Misturas: A + CO_2</td></tr>
<tr><td colspan="2">APLICAÇÕES TÍPICAS NA INDÚSTRIA DE PETRÓLEO E PETROQUÍMICA

Soldagem de tubulações e internos de vasos de pressão.
Soldagem de estruturas metálicas.
Utilizado para revestimento superficial.
Solda a maioria dos metais e em todas as posições, dependendo do tipo de transformador e do gás.</td></tr>
<tr><td>Vantagens:

- Elevada taxa de fusão;
- Alta taxa de deposição;
- Poucas operações de acabamento; não necessita remoção de escoria;
- Baixo teor de hidrogênio combinado com alta energia.</td><td>Limitações:

- Limitado à posição plana, exceto na transferência por curto-circuito ou por arco pulsante;

- Risco de ocorrência de falta de fusão;

- Equipamento caro;

-Inacessibilidade a certos chanfros;

- Gases caros.</td></tr>
<tr><td colspan="2">SEGURANÇA:

Grande emissão de radiação ultra-violeta e projeções metálicas.</td></tr>
</table>

7.11 – Característica da Soldagem Tig (GTAW – Gas Tungsten Arc Welding)

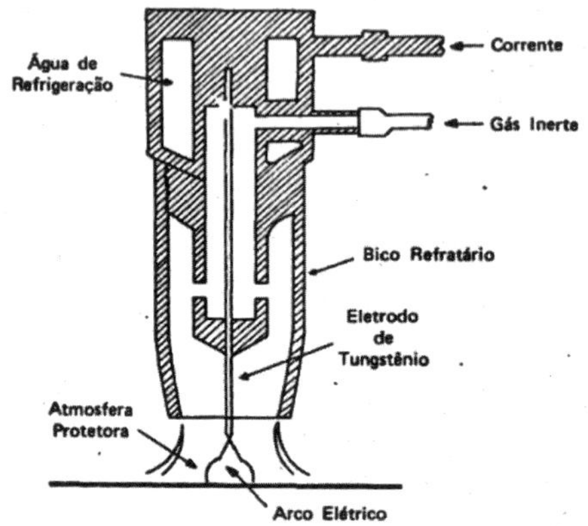

TIPO DE OPERAÇÃO: Manual ou Automática	Equipamentos: Retificador, gerador, transformador, pistola. - Silo fluxo – Aspirador Cilindros de gases – equipamentos de deslocamento automático.
CARACTERÍSTICAS: Taxa de deposição: 0,2 a 1,3 kg/h Espessuras soldadas: 0,1 mm a 50 mm Posições: Todas. Tipos de juntas: Todas. Diluição: Com M. Adição = 2 a 20% Sem MK. Adição = 100% Faixa de corrente: 10 a 400A	Consumíveis: Varetas Gases

APLICAÇÔES TÍPICAS NA INDÚSTRIA DE PETRÓLEO E PETROQUÍMICA
Soldagem do 1º passe de tubulações de aços liga, aços inoxidáveis e ligas níquel. Soldagem de equipamento de alumínio, Titânio e ligas de níquel. Soldagem de tubos ao espelho de perfuradores de calor. Soldagem de internos de reatores de ureia em aço inoxidável e Titânio.

Vantagens:	**Limitações**:
- Pequena ZTA (Zona Termicamente Afetada); - Produz as soldas de melhor qualidade; - Solda a maioria dos metais; - Solda peça fina 0,1mm a 50 mm; - Não tem formação de escoria, salpicos e vapores nocivos.	- Baixa taxa de deposição; - Requer soldadores muito bem treinados; - Alto custo de equipamento; - Exige limpeza bastante rigorosa.
SEGURANÇA: Emissão intensa de radiação ultra-violeta.	

7.12 – Características da Soldagem MIG/MAG (GMAW – Gas Metal Arc Welding)

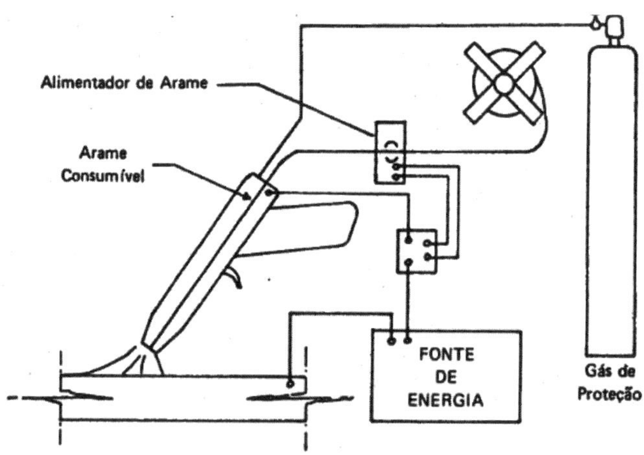

<table>
<tr>
<td>TIPO DE OPERAÇÃO:

Manual ou Automática</td>
<td>Equipamentos: Retificador, gerador, transformador, pistola, cilindro de gás, unidade de alimentação de arame, unidade de deslocamento (automático).</td>
</tr>
<tr>
<td>CARACTERÍSTICAS:

Taxa de deposição: 1 a 15 kg/h
Espessuras soldadas:
Curto-circuito 0,5 mm
Pulverização Axial 6 mm
Posições: Todas
Tipos de juntas: Todas
Diluição: 10 a 30%
Faixa de corrente: 60 a 500A</td>
<td>Consumíveis:

Arame: 0,5 a 1,6 mm
Tubular .....2 mm

Gases: Argônio
Helio
CO_2
Misturas: $A + CO_2$</td>
</tr>
<tr>
<td colspan="2">APLICAÇÕES TIPICAS NA INDÚSTRIA DE PETROLEO E PETROQUÍMICA

Soldagem de tubulações e internos de vasos de pressão.
Soldagem de estruturas metálicas.
Utilizado para revestimento superficial.
Solda a maioria dos metais e em todas as posições, dependendo do tipo de transformador e do gás.</td>
</tr>
<tr>
<td>Vantagens:

- Elevada taxa de fusão
- Alta taxa de deposição
- Poucas operações de acabamento; não necessita remoção de escoria.
- Baixo teor de hidrogênio combinado com alta energia.</td>
<td>Limitações:

- Limitado à posição plana, exceto na transferência por curto-circuito ou por arco pulsante.
- Risco de ocorrência de falta de fusão.
- Equipamento caro
-Inacessibilidade a certos chanfros.
- Gases caros.</td>
</tr>
<tr>
<td colspan="2">SEGURANÇA:

Grande emissão de radiação ultra-violeta e projeções metálicas</td>
</tr>
</table>

Capítulo 8

Aspectos Térmicos da Soldagem

O processo de soldagem produz aquecimento localizado da peça ou componentes a serem unidos e, como consequência, uma modificação no tamanho de grão.

De uma forma clássica, em uma junta soldada, temos a ZONA TERMICAMENTE AFETADA – ZTA ou (HAZ Heated Afected Zone), METAL BASE – MB ou (Base Metal) e o METAL DEPOSITADO – MD ou (Deposited Metal).

A ZONA TERMICAMENTE AFETADA situa-se entre o METAL BASE e o METAL DEPOSITADO, sendo a região metalurgicamente mais crítica, em função das transformações ali ocorridas. Isto podemos inferir através da Curva de Repartição Térmica e da Curva TTT – Tempo-Temperatura-Transformação, portanto, é a região da solda mais sensível, pois, é nesta região onde encontramos dureza mais elevada.

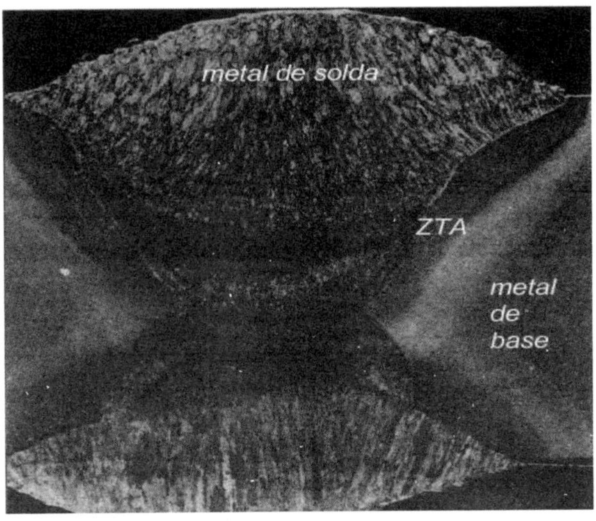

Ilustração 11 - Macrografia da solda

Na região do metal depositado em função da velocidade de transformação não há formação de martensita e, por conseguinte, não temos alta dureza.

Um fator importante a ser considerado em um processo de soldagem é o APORTE DE CALOR ou HEAT-INPUT, definida como ENERGIA DE SOLDAGEM, sendo assim calculada:

$$E = f * \frac{V * I}{v} * 60[Joules / cm]$$

Onde V = Tensão em Volts ,
I = Corrente em Ampères,
v = velocidade em cm/min e,
f = a eficiência de transmissão de calor (dependente do processo), usualmente f=0,85.

Em termos de potência, também podemos expressar da forma seguinte:

$E = f * \frac{P}{v} * 60[Joules / cm]$, uma vez que a potência P = V * I.

8.1 - REPARTIÇÃO TÉRMICA

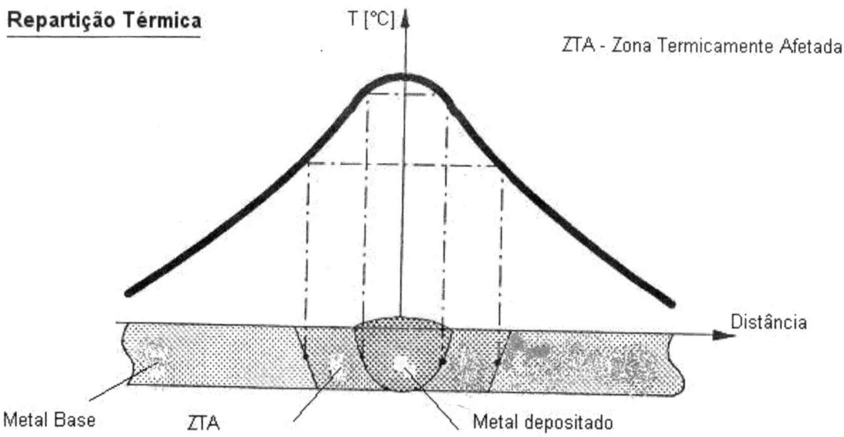

O objetivo da REPARTIÇÃO TÉRMICA é o de avaliar as transformações ocorridas durante o processo de aquecimento na soldagem.

Pela análise do gráfico da REPARTIÇÃO TÉRMICA, podemos inferir que a velocidade de resfriamento diminui à medida que o aporte térmico de calor aumenta, bem como a temperatura inicial da peça, por exemplo, pré-aquecimento, implicando num espalhamento da curva.

Capítulo 9

Controle de Deformações

A deformação de estruturas metálicas é um dos maiores problemas com que podemos nos deparar durante a fabricação de componentes cortados por processo de oxi-corte e fabricados por processos de soldagem.

O grande número de variáveis envolvidas no processo de fabricação torna o controle sobre as deformações um assunto assaz interessante.

Assumindo que todo componente e posteriormente, a estrutura, tem dimensões de projeto e, dessa maneira, também tolerâncias de fabricação, a deformação excessiva poderá fazer com que tal componente ou estrutura não possa ser utilizada na obra.

9.1 - Causas da Deformação na soldagem

Dentre as diversas causas da deformação durante a soldagem, o aquecimento não uniforme da junta soldada, causada pelo arco elétrico ou pela chama e a restrição imposta de forma natural ou deliberada, fazem o conjunto de fatores de maior relevância para o aparecimento da deformação.

Estudos demonstram que com o aumento da temperatura, o limite de escoamento do material, o módulo de elasticidade (Módulo de Young) e a condutividade térmica do aço decrescem e o coeficiente de dilatação aumenta.

Desta forma, fica extremamente complexo o cálculo preciso da deformação.

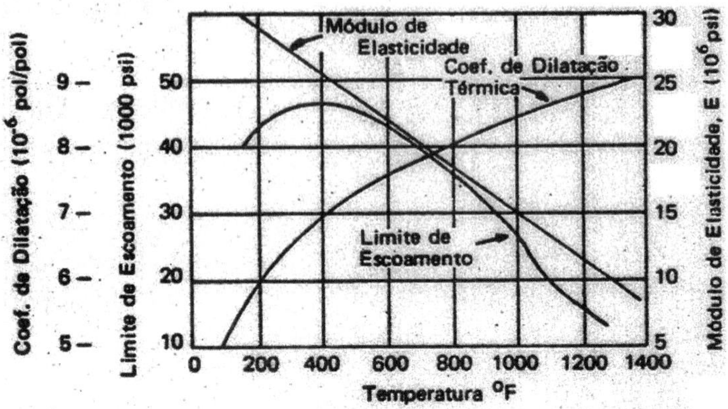

Variação das propriedades com a temperatura

9.2 – Principais fatores que influenciam a deformação

- Energia de soldagem – Devido ao calor gerado durante o processo e, por este calor não ser uniformemente distribuído, a taxa de variação da temperatura ao longo da peça, tanto no aquecimento, quanto no resfriamento não é uniforme, provocando, por esta razão, deformações nas peças.

- O pré-aquecimento pode ser uma ferramenta útil, entretanto, muito cuidado deve ser tomado, pois, se o mesmo não for uniforme, promoverá mais deformações.

- Grau de restrição – Peças com restrições à contração e expansão térmica produzem como resultado final, deformações excessivas.

- O projeto deve permitir na sua forma construtiva ou na sua forma de montagem que as restrições ao movimento, ou graus de liberdade, sejam de tal ordem que minimizem as deformações.

- Alguns procedimentos na montagem ou fabricação, a fim de minimizar tal problema, tais como, soldagem com passe à ré, pré-curvamento de painéis, balancear as soldas em torno da linha neutra, etc.

- Tensões internas – São geralmente oriundas de processos tais como laminação, trefilagem, usinagem, oxi-corte, etc.

9.3 – Prevenção e Controle da deformação na soldagem

- Evitar soldagem excessiva – Exemplo: Chanfro adequado;
- Usar chanfros em Duplo "V" ou "X";
- Soldas intermitentes;
- Menor número de passes;
- Menor aporte de calor possível (Baixo Heat Input);
- Posicionar as soldas mais próximas da linha neutra;
- Utilizar solda com passe à ré (backstep sequence);
- Utilizar pré-deformação ou pré-curvamento;
- Utilizar montagem dorso-a-dorso (back to back);
- Utilização de dispositivos auxiliares de fixação (gabaritos ou cachorros);
- Sequência de soldagem adequada.

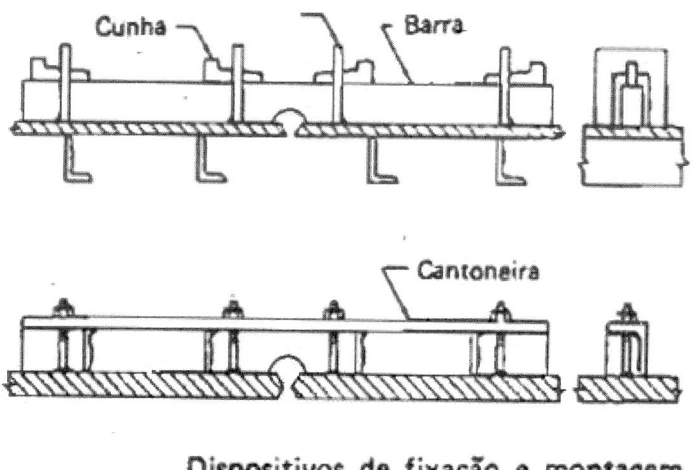

Dispositivos de fixação e montagem

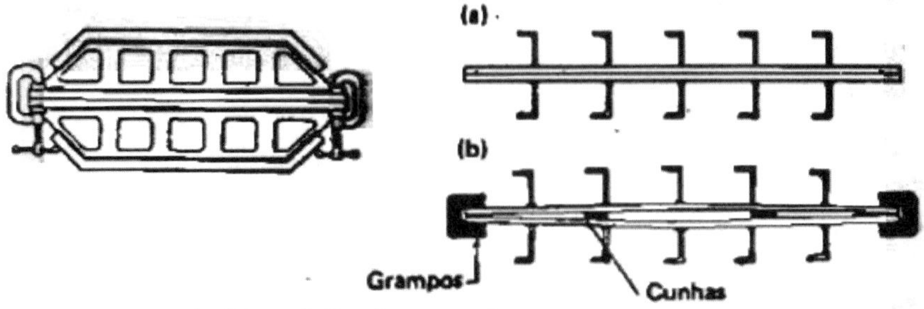

c) Disposição dorso a dorso

Capítulo 10

Tecnologia da Tubulação

10.1 – Tubulação

Define-se como tubulação o conjunto de tubos e acessórios utilizados para transportar fluidos de qualquer natureza.

Características

Os tubos podem ser metálicos, onde se dividem em FERROSOS e NÃO FERROSOS e os não metálicos, desenvolvidos ou fabricados por polímeros de alta densidade ou de PVC.

No caso de tubos metálicos, podem ser os mesmos fabricados com costura ou sem costura, com costura longitudinal ou em espiral.

Os tubos metálicos ferrosos podem ser fabricados por utilização de aços-carbono, aços-liga e aços inoxidáveis.

Os tubos são caracterizados pelo seu diâmetro e pela sua espessura (Schedule).

A norma ANSI B36-10, define as dimensões dos tubos e seus schedules.

10.2 – Processos de Fabricação de Tubos

Os tubos utilizados na fabricação de Caldeiras, Trocadores de calor ou para transporte de hidrocarbonetos, podem ser fabricados pelos processos de LAMINAÇÃO, EXTRUSÃO ou SOLDAGEM.

10.2.1 – Tubos Sem Costura

Neste processo, os tubos sem costura são produzidos por processo de laminação a quente, a partir de bloco maciço de seção redonda de aço, o qual será laminado e perfurado por mandril, obtendo-se dessa maneira, suas dimensões finais.

São resfriados em leito de resfriamento, até temperatura ambiente e, por possuírem uniforme distribuição de massa em torno de seu centro, mantém temperatura praticamente constante ao longo de todo o seu comprimento e em qualquer ponto de sua seção transversal.

Por esse motivo possuem baixo nível de tensões residuais.

10.2.2 – Tubos Soldados

Os tubos fabricados por processo de soldagem são largamente utilizados na indústria de forma geral, atingindo grandes diâmetros e espessuras.

Geralmente, os tubos são fabricados pelos processos de soldagem SAW, ERW em tubos com costura longitudinal e GMAW+SAW para tubos em solda em espiral.

Os tubos de condução de hidrocarbonetos, em geral, são projetados de acordo com a norma internacional API 5L, ASME B 31.3, ASME 31.4 e ASME B31.8 dependendo do projeto em questão.

Os tubos devem passar por ensaios não destrutivos, tais como, teste hidrostático e ensaios por ultrassom ou radiografia, e destrutivos, conforme a norma de fabricação e projeto.

10.3 – Classificação dos Tubos

Os tubos são classificados quanto:

- Ao emprego
- Ao fluido conduzido

10.4 – Quanto ao emprego:

- Tubulações de processo

  Conduzem o fluido básico da planta industrial
  Ex.: Derivados de petróleo, produtos químicos, etc.

- Tubulações de utilidades

  Conduzem o fluido auxiliar no processo básico da produção da planta
  Ex.: Ar comprimido, vapor, rede de combate a incêndio.

- Tubulações de instrumentação

  São tubulações destinadas ao transporte de sinais para os instrumentos e equipamentos.

10.5 - Quanto ao fluido conduzido

- Óleos: Gasolina, Diesel, óleos diversos
- Gases: Oxigênio, Gás natural, etc.
- Água
- Vapor
- Ar comprimido
- Esgotos sanitários
- Esgoto industrial
- Drenagem

10.6 – Fases do Processo de Fabricação

Em um processo de fabricação de tubos com costura, seja ela longitudinal ou em espiral (helicoidal), os tubos devem passar pelas seguintes fases:

Conformação da chapa ou bobina
Soldagem
Inspeção visual e dimensional
Inspeção por fluoroscopia (opcional)
Expansão Mecânica
Utrassom ou Gamagrafia
Teste Hidrostático
Inspeção Visual e Dimensional final
Pintura da Identificação
Movimentação e Transporte

10.7 – Inspeções de uma forma geral

É muito importante que exista procedimento previamente aprovado, para cada fase do processo de fabricação e inspeção, que exista uma rotina de aferição dos equipamentos, isto é, manômetros, trenas, etc. e, que os operadores sejam treinados e que haja um procedimento para tratar as não conformidades.

Dentre as inspeções durante o processo de fabricação de um tubo, destacam-se os:

10.7.1 – Tolerâncias dimensionais

De acordo com a norma API 5L / ISO 3183, as tolerâncias para o diâmetro, espessura da parede e alinhamento são conforme as tabelas abaixo:

Tabela de tolerâncias para Diâmetro e Ovalização (API 5L)

<table>
<tr><th rowspan="3">Diâmetro Externo
(mm)</th><th colspan="4">Tolerância para o diâmetro
(mm)</th><th colspan="2">Tolerância para a ovalização
(mm)</th></tr>
<tr><th colspan="2">Tubo, exceto as extremidades (mm)</th><th colspan="2">Extremidades dos tubos (mm)</th><th rowspan="2">Tubo, exceto as extremidades
(mm)</th><th rowspan="2">Nas
extremidades
(mm)</th></tr>
<tr><th>Sem costura</th><th>Soldado</th><th>Sem costura</th><th>Soldado</th></tr>
<tr><td>< 60,30</td><td colspan="2">-0,8 a + 0,4</td><td colspan="2" rowspan="2">-0,4 a 1,6
0,020D</td><td colspan="2">Incluído na tolerância do diâmetro</td></tr>
<tr><td>≥ 60,3
a
≤ 168,3</td><td colspan="2">± 0,0075D</td><td rowspan="2">0,015D</td><td></td></tr>
<tr><td>>168,3
a
≤ 610</td><td>±
0,0075D</td><td>±
0,0075D
(3,20 max)</td><td colspan="2">± 0,005D
(Max. ± 1,60)</td><td></td></tr>
<tr><td rowspan="2">> 610
A
≤ 1422</td><td rowspan="2">± 0,01D</td><td rowspan="2">±
0,005D
(Max ± 4,0)</td><td rowspan="2">± 2</td><td rowspan="2">± 1,60
$\frac{D}{t} > 75$, Por acordo entre as partes</td><td>$\frac{D}{t} \leq 75$
0,015D</td><td>$\frac{D}{t} \leq 75$
0,01D</td></tr>
<tr><td>$\frac{D}{t} > 75$, Por acordo entre as partes</td><td></td></tr>
</table>

Extremidade de tubos = Compreende um comprimento de 100 mm de extensão, a partir de cada extremidade.

10.7.2 – Ensaio por Ultrassom

Os tubos após a expansão mecânica devem ser submetidos a ensaio de ultrassom ou gamagrafia, dependendo das especificações do cliente final e sempre em acordo com a norma de fabricação.

10.7.3 – Teste Hidrostático

A execução do teste hidrostático deve acontecer sempre após a expansão mecânica e após o ensaio de ultrassom ou gamagrafia.

Deve obedecer aos requisitos da norma de fabricação e especificações do cliente.

O inspetor ou representante do cliente/comprador deve observar o tempo em que o tubo fica pressurizado, observando se ocorre queda de pressão durante o teste.

Em hipótese alguma é permitido o reparo de tubos que apresentem vazamentos, sendo neste caso, descartado parte do comprimento do tubo.

10.8 – Código de Cores

O objetivo da codificação com cores é o de identificar o produto transportado pela tubulação.

A identificação de cores é normalizada pela NBR 6493

Cores	Produto
Alaranjado-segurança	Produtos químicos não gasosos
Amarelo-segurança	Gases não liquefeitos
Azul-segurança	Ar comprimido
Branco	Vapor
Cinza-claro	Vácuo
Cinza-escuro	Eletroduto
Cor de alumínio	Gases liquefeitos inflamáveis e combustíveis de baixa viscosidade Óleo Diesel / Gasolina / Querosene / Óleo lubrificante / Solventes
Marrom	Materiais fragmentados, petróleo bruto
Preto	Inflamáveis e combustíveis de alta densidade Óleo combustível / Piche / Asfalto / Alcatrão
Verde-emblema	Água, exceto a destinada a combater incêndio
Vermelho-segurança	Água destinada ao combate de incêndio

10.9 – Materiais Utilizados na Fabricação de Tubos

Para a fabricação de tubos com aplicação na indústria petroquímica, obedecemos as especificações das normas americanas API – American Petroleum Institute, ASME – American Society of Mechanical Engineers. Esses tubos podem ser sem costura ou com costura.

A seguir, listaremos algumas aplicações de tubos e seus respectivos materiais.

Material	Especificação	Aplicação	Limites
Aço Carbono (Baixo Carbono)	API 5L B API 5L X65 ASTM A 106 B	Tubulação em geral Indústria Petroquímica	Para aplicações com temperatura até 200°C
Aço carbono C-Mn	ASMT A 333 ASTM A 334 ASTM A 671		Aplicado em tubulação com baixa temperatura de serviço
Aço Carbono Mn-Cr-Mo	ASTM A 335		Altas temperaturas
Aço Carbono	ASTM A 672		Alta pressão e temperatura moderada
Aço Carbono Ligado C-Mo	ASTM A 692	Caldeiras e Aquecedores (Boilers & Superheater)	Altas temperaturas
Aço Carbono Ligado C-Mo	ASTM A 691	Caldeiras e Aquecedores	Alta pressão e temperatura

10.10 – Determinação do Peso por Unidade de Comprimento (kgf / m)

De acordo com o API 5L, a determinação do peso por unidade de comprimento é dado pela fórmula.

$P = t\,(D - t) \times C$
Onde,

t → a espessura ;
D → o diâmetro externo ;
C = 0,02466 no SI.

Tanto a espessura e o diâmetro são expressos em milímetros

10.11 – Normas de Fabricação de Tubos

ASTM – American Society for Testing Material

A - 053: TUBOS DE AÇO, PRETOS OU GALVANIZADOS, COM EXIGÊNCIAS ESPECIAIS.

A - 106: TUBOS DE AÇO CARBONO, SEM COSTURA, PARA SERVIÇOS A ALTA TEMPERATURA.

A - 120: TUBOS DE AÇO, PRETOS OU GALVANIZADOS, PARA CONDUÇAO DE FLUIDOS E OUTROS FINS.

A - 135: TUBOS DE AÇO SOLDADO POR RESISTÊNCIA ELÉTRICA.

A - 161: TUBOS DE AÇO BAIXO CARBONO E CARBONO MOLIBDÊNIO, SEM COSTURA PARA EMPREGO EM REFINARIAS, NAS INSTALAÇÕES DE "CRACKING".

A - 178: TUBOS DE AÇO CARBONO SOLDADOS POR RESISTÊNCIA ELÉTRICA PARA CALDEIRAS.

A - 179: TUBOS DE AÇO BAIXO CARBONO, SEM COSTURA. TREFILADOS A FRIO, PARA PERMUTADORES DE CALOR OU CONDENSADORES.

A - 192: TUBOS DE AÇO CARBONO, SEM COSTURA PARA CALDEIRAS DE ALTA PRESSÃO.

A - 199: TUBOS DE AÇO-LIGA, SEM COSTURA, TREFILADOS A FRIO. PARA PERMUTADORES DE CALOR E CONDENSADORES.

A - 200: TUBOS DE AÇO-LIGA, SEM COSTURA. PARA EMPREGO EM REFINARIAS. NAS INSTALAÇÕES EM "CRACKING".

A - 209: TUBOS DE AÇO MOLIBDÊNIO. SEM COSTURA. PARA CALDEIRAS E SUPERAQUECEDORES.

A - 210: TUBOS DE AÇO CARBONO, SEM COSTURA, PARA CALDEIRAS, SUPERAQUECEDORES.

A - 213: TUBOS DE AÇO-LIGA FERRÍTICO, SEM COSTURA. PARA CALDEIRAS E SUPERAQUECEDORES E PERMUTADORES DE CALOR.

A - 214: TUBOS DE AÇO CARBONO SOLDADOS POR RESISTÊNCIA ELÉTRICA PARA PERMUTADORES DE CALOR E CONDENSADORES.

A - 226: TUBOS DE AÇO CARBONO SOLDADOS POR RESISTÊNCIA ELÉTRICA PARA CALDEIRA E SUPERAQUECEDORES PARA SERVIÇOS DE ALTA PRESSÃO.

A - 252: TUBOS DE AÇO PARA ESTACAS.

A - 333: TUBOS DE AÇO PARA SERVIQOS A BAIXA TEMPERATURA.

A - 334: TUBOS DE AÇO CARBONO OU LIGA, PARA SERVIÇOS A BAIXA TEMPERATURA.

A - 335: TUBOS DE AÇO-LIGA FERRÍTICO, SEM COSTURA, PARA SERVIÇOS A ALTA TEMPERATURA.

A - 405: TUBOS DE AÇO-LIGA FERRÍTICO, SEM COSTURA, COM TRATAMENTO TÉRMICO ESPECIAL PARA SERVIÇOS A ALTA TEMPERATURA.

A - 423: TUBOS DE AÇO DE BAIXA LIGA.

A-671: TUBOS DE AÇO CARBONO PARA BAIXA TEMPERATURA.

A-672: TUBOS DE AÇO CARBONO PARA ALTA PRESSÃO EM SERVIÇO E TEMPERATURAS MODERADAS.

DIN – Deutsches Institut für Normung

DIN 1626: TUBOS DE AÇO CARBONO E DE BAIXA LIGA COM COSTURA PARA TUBULAÇÕES, APARELHOS E DEPÓSITOS.

DIN 1629: TUBOS DE AÇO CARBONO SEM COSTURA, PARA TUBULAÇÕES, APARELHOS E RESERVATÓRIOS.

DIN 2391: TUBOS DE AÇO SEM COSTURA, DE PRECISÃO, TREFILADOS A FRIO.

DIN 2393: TUBOS DE AÇO COM COSTURA DE PRECISÃO, COM EXATIDÃO DE MEDIDA ESPECIAL.

DIN 2394: TUBOS DE AÇO COM COSTURA DE PRECISÃO, TREFILADOS A FRIO, OU LAMINADOS A FRIO.

DIN 2440: TUBOS DE AÇO, PRETOS OU GALVANIZADOS, PARA CONDUÇÃO DE FLUIDOS E OUTROS FINS.

DIN 2441: TUBOS DE AÇO, PRETOS OU GALVANIZADOS, PARA CONDUÇÃO DE FLUIDOS E OUTROS FINS (SERVIÇOS PESADOS).

DIN 2442: TUBOS DE AÇO, PARA CONDUÇÃO, COM ROSCAS E LUVAS, COM EXIGÊNCIAS ESPECIAIS.

DIN 2448: TUBOS DE AÇO SEM COSTURA, PARA CALDEIRAS, APARELHOS E OUTROS FINS.

DIN 2458: TUBOS DE AÇO COM COSTURA, PARA CALDEIRAS, APARELHOS E OUTROS FINS.

DIN 17172: TUBOS DE AÇO PARA COSTURAS DE LÍQUIDOS E GASES COMBUSTÍVEIS A DISTÂNCIA.

DIN 17175: TUBOS DE AÇO CARBONO OU LIGA SEM COSTURA, PARA CALDEIRAS DE OPERAÇÃO E ALTAS TEMPERATURAS.

API – American Petroleum Institute

API Spec5A: TUBOS DE PERFURAÇÃO, REVESTIMENTO E BOMBEAMENTO PARA POÇOS PETROLÍFEROS CASING, TUBING, DRILL PIPE.

API Spec5AX: TUBOS DE PERFURAÇÃO, REVESTIMENTO E BOMBEAMENTO PARA POÇOS PETROLÍFEROS COM EXIGÊNCIAS ESPECIAIS (HIGH-STRENGTH CASING, TUBING, DRILL PIPE).

API Spec5AC: TUBOS DE REVESTIMENTO E DE BOMBEAMENTO PARA POÇOS PETROLÍFEROS, COM PROPRIEDADES RESTRITAS: GRADE C-75, CASING E TUBING.

API Spec5B: ESPECIFICAÇÃO DE ROSCAS, CALIBRES E INSPEÇÃO DE ROSCAS PARA CASING, TUBING E LINE PIPE.

API Spec5L: TUBOS PARA CONDUÇÃO DE PRODUTOS PETROLÍFEROS.

API Spec5LX: TUBOS PARA CONDUÇÃO DE PRODUTOS PETROLÍFEROS COM EXIGÊNCIAS ESPECIAIS.

Capítulo 11

Revestimento de Tubos

Usualmente revestimos tubos quando desejamos minorar ou retardar o processo de corrosão, seja pelo meio ambiente agressivo ou pela agressividade do produto transportado, ou as duas condições.

Um duto pode ser revestido externa e internamente, objetivando a atender as especificações de projeto.

Um exemplo clássico é a tubulação de transporte de água.

Tabela de Revestimentos, Utilização e Características

Revestimento	Utilização e Características Gerais	Características técnicas
Fusion Bonded Epoxi	Proteção anticorrosiva externa de tubos de aço; Tubulação enterrada (ambientes úmidos ou secos) ou submersa (água doce ou salgada); Conduções de gás, óleo, minério, água e outros; Temperatura de operação: 107ºC máxima; Proteção anticorrosiva externa de tubos de aço;	Revestimento ecologicamente limpo; Excelente proteção anticorrosiva; Boa resistência química; Boa resistência ao calor; Boa resistência ao curvamento; Boa resistência a micro-organismos.

Polietileno em tripla camada	Tubulação enterrada (ambiente úmidos ou secos) ou submersa(água doce ou salgada); Condução de água, óleo, minério, água e outros; Temperatura de operação:40°C a 65°C (Baixa Densidade) 40°C a 70°C (Média Densidade) 40°C a 80°C (Alta Densidade).	Revestimento ecologicamente limpo; Excelente proteção anticorrosiva; Boa resistência química; Boa resistência ao calor; Boa resistência ao curvamento; Boa resistência a microorganismos; Excelente proteção mecânica.
Revestimentos Betaluminosos (Esmalte de Alcatrán de hulha - o Esmalte de Asfalto)	Proteção anticorrosiva externa de tubos de aço; Tubulação enterrada (ambiente úmidos ou secos) ou submersa (água doce ou salgada); Condução de gás, óleo, minério, água e outros; Temperatura de operação: -40°C a 120°C).	Revestimento ecologicamente limpo; Excelente proteção anticorrosiva; Boa resistência química Excelente resistência ao calor; Boa resistência ao curvamento; Boa resistência a micro-organismo; Excelente proteção mecânica.

Revestimentos Betaluminosos (Esmalte de Alcatrão de hulha - o Esmalte de Asfalto)	Proteção anticorrosiva interna ou externa de tubos de aço; Tubulação enterrada (ambientes úmidos ou secos)ou submersa (água doce ou salgada); Revestimento externo: condução de água e esgoto; Temperatura de operação: 80ºC máxima (Externo) 32ºC máxima (interno).	Excelente proteção anticorrosiva; Boa resistência química; Boa resistência a micro-organismos; Boa proteção mecânica; Boa resistência à infiltração de água.
Pintura Líquida Externa	Proteção anticorrosiva externa de tubos de aço; Tubulação aérea (ambiente úmidos ou seco), orla marítima e ambientes industriais; Condução de gás, óleo, minério, água e outros.	Excelente proteção anticorrosiva; Boa resistência química; Boa resistência ao calor; Boa resistência a micro-organismo.
Pintura Interna com Tinta Epóxi para Gasodu-tos	Condução de gás natural (gás não corrosivo); Temperatura de operação:110ºC máxima.	Excelente adesão; Boa resistência química; Promove excelente eficiência no bombeamento do gás.
Poliuretano Líquido sem solvente	Aplicação em adutoras; Revestimento interno/externo de instalações aéreas, enterradas e submersas.	Boa resistência à corrosão; Boa resistência à abrasão; Boa resistência ao impacto; Boa flexibilidade.
Poliuretano Tar sem solvente	Aplicação em esgotos e emissários; Revestimento interno.	Boa resistência à corrosão; Boa resistência à abrasão; Boa resistência ao impacto; Boa flexibilidade.

Epóxi Tar sem solvente	Aplicação em esgotos; Revestimento interno; Adequado para instalações aéreas.	Boa resistência à corrosão; Boa resistência à abrasão; Boa resistência ao impacto; Boa flexibilidade.
Epóxi Puro sem solvente	Aplicação em adutoras; Revestimento interno; Adequado para instalações aéreas.	Boa resistência à corrosão; Boa resistência à abrasão; Boa resistência ao impacto; Boa flexibilidade.
Argamassa de cimento	Aplicação em adutoras e esgoto; Revestimento interno; Formulação da argamassa: Cimento Portland-tubulação para água Cimento Silício; Aluminoso-tubulações para esgoto.	Boa porosidade; Alta densidade; Baixa relação água-cimento; Boas características hidráulicas.
Fitas de Polietile-no Aplica-das a Frio	Aplicação em adutoras e esgotos; Revestimento externo, instalações enterradas.	Boa aderência ao substrato metálico; Facilidade de aplicação; Baixo consumo de energia; Alta rigidez dielétrica.
Primer Epóxi óxido de Ferro ou Fosfato de Zinco Alumínio Fenólica	Aplicação em adutoras; Revestimentos externo: instalação aérea, ambientes não agressivos.	Boa performance anti-corrosiva em instalações aéreas; Alta impermeabilidade; Alta reflexão de luz.
Epóxi Mastic Alumínio	Aplicação em adutoras; Revestimento externo; instalação aéreas, ambientes não agressivos.	Baixo teor de voláteis e altos sólidos; Boa resistência mecânica; Boa aderência; Alta reflexão à luz.

Capítulo 12

Válvulas

As válvulas são dispositivos destinados a estabelecer, controlar e interromper o fluxo em uma tubulação. São os acessórios mais importantes existentes nas tubulações, e que por isso devem merecer o maior cuidado na sua especificação, escolha e localização. Em qualquer instalação deve haver sempre o menor número possível de válvulas, compatível com o funcionamento da mesma, porque as válvulas são peças caras, onde sempre há possibilidade de vazamentos (em juntas, gaxetas, etc.) e que introduzem perdas de carga, às vezes, de grande valor. As válvulas são, entretanto, peças indispensáveis, sem as quais as tubulações seriam inteiramente inúteis. Por esse motivo, o desenvolvimento das válvulas é tão antigo quanto o das próprias tubulações.

12.1 – Características das Válvulas

- Controlar ou regular o escoamento de fluido em uma tubulação.
- Permitir ou impedir totalmente o escoamento.
- Impedir o retorno de fluido na tubulação.
- Aliviar pressão.
- Regular a pressão.

As válvulas representam, em média, cerca de 8% do custo total de uma instalação de processamento.

A localização das válvulas deve ser estudada com cuidado, para que a manobra e a manutenção das mesmas sejam fáceis, e para que as válvulas possam ser realmente úteis.

12.2 – Classificação das Válvulas

Existe uma grande variedade de tipos de válvulas, algumas para uso geral, e outras para finalidades específicas. São os seguintes tipos mais importantes de válvulas:

12.2.1 – Válvulas de Bloqueio (block-valves)

- Válvulas gaveta (gate valves).
- Válvulas macho (plug, cock valves).
- Válvulas de esfera (ball valves).
- Válvulas de comporta (slide, blast valves).

Denominam-se válvulas de bloqueio, as válvulas que se destinam primordialmente a apenas estabelecer ou interromper o fluxo, isto é, que só devem funcionar completamente abertas ou completamente fechadas. As válvulas de bloqueio costumam ser sempre do mesmo diâmetro nominal da tubulação, e têm uma abertura de passagem de fluido com seção transversal comparável com a da própria tubulação.

12.2.2 – Válvulas de Regulagem (throttling valves)

- Válvulas globo (globe valves).
- Válvulas de agulha (needle valves).
- Válvulas de controle (control valves).
- Válvulas borboleta (butterfly valves).
- Válvulas de diafragma (diaphragm valves).

Válvulas de regulagem são as destinadas especificamente para controlar o fluxo, podendo por isso trabalhar em qualquer posição de fechamento parcial.

Essas válvulas são, às vezes, por motivo de economia, de diâmetro nominal menor do que a tubulação.

As Válvulas borboleta e diafragma, embora sejam especificamente válvulas de regulagem, também podem trabalhar como válvulas de bloqueio.

12.2.3. Válvulas que Permitem o Fluxo em um só Sentido

- Válvulas de retenção (check valves).
- Válvulas de retenção e fechamento (stop-check valves).
- Válvulas de pé (foot valves).

12.2.4. Válvulas que Controlam a Pressão de Montante

- Válvulas de segurança e de alívio (safety, relief valves).
- Válvulas de contrapressão (back-pressure valves).

12.2.5. Válvulas que Controlam a Pressão de Jusante

- Válvulas redutoras e reguladoras de pressão.

12.3 – Válvulas Gaveta

Este é o tipo de válvula mais importante e de uso mais generalizado.
Os principais empregos das válvulas gaveta são os seguintes:

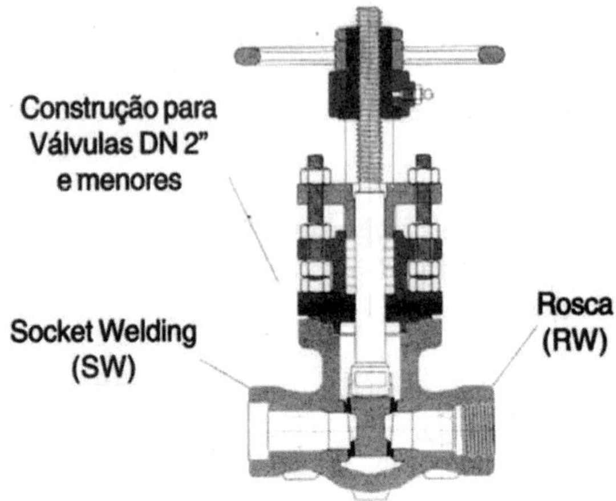

1. Em quaisquer diâmetros, para todos os serviços de bloqueio em linhas de água, óleos e líquidos em geral, desde que não sejam muito corrosivos, nem deixem muitos sedimentos ou tenham grande quantidade de sólidos em suspensão.

2. Em diâmetros acima de 8" para bloqueio em linhas de vapor.

3. Em diâmetros acima de 2" para bloqueio em linhas de ar.

São usadas para quaisquer pressões e temperaturas. Não são adequadas para velocidades de escoamento muito altas.

O fechamento nessas válvulas é feito pelo movimento de uma peça chamada gaveta, que se desloca paralelamente ao orifício da válvula, e perpendicularmente ao sentido geral de escoamento do fluido. Quando totalmente aberta a perda de carga causada é muito pequena. Só devem trabalhar completamente abertas ou completamente fechadas. Quando parcialmente abertas, causam perdas de carga elevadas e turbulência no fluído conduzido, podendo provocar cavitação e por consequência erosão

Na condição de acionamento manual, são sempre de fechamento lento, sendo impossível fechá-las instantaneamente: o tempo necessário para o seu fechamento será tanto maior, quanto maior for o diâmetro da válvula. Essa é uma grande vantagem das válvulas de gaveta, porque assim controla-se o efeito dos golpes de aríete.

As válvulas de gaveta dificilmente dão uma vedação absolutamente estanque (bubble-tight closing).

As válvulas de gaveta com vedação metal contra metal, são consideradas de segurança em caso de incêndio, desde que os metais empregados sejam de alto ponto de fusão (mais de 1.100ºC). Uma válvula qualquer é considerada à prova de fogo desde que seja capaz de manter a vedação mesmo quando envolvida por um incêndio, neste caso, a válvula deve atender aos requisitos Fire Safe da norma API respectiva.

A gaveta das válvulas pode ser em cunha ou paralela. As gavetas em cunha são de melhor qualidade e dão, devido à ação de cunha, um fechamento mais seguro do que as gavetas paralelas, embora sejam de construção e de manutenção mais difíceis. Na maioria das válvulas a gaveta é uma peça única maciça. Em algumas válvulas, a gaveta é composta de duas peças que se encaixam entre si e se ajustam livremente sobre a sede. Nas válvulas de boa qualidade ou para serviços severos, as sedes são postiças e substituíveis, sendo a construção preferível os anéis integrais rosqueados no corpo da válvula.

As válvulas de gaveta de tamanho grande para altas pressões costumam ter, integral na válvula, uma pequena tubulação contornando a válvula (by-pass), fechada por uma válvula.

Antes de se abrir a válvula principal abre-se a pequena válvula do contorno para equilibrar as pressões nos dois lados da gaveta, facilitando desse modo a operação da válvula. As válvulas de gaveta, de 8" ou maiores, de classe de pressão 400#, ou acima, devem ter tubulação de contorno.

12.3.1 – Variantes das Válvulas Gaveta

1. Válvulas de comporta ou de guilhotina (slide valves) - São válvulas em que a gaveta é uma comporta que desliza livremente entre guias paralelas. Essas válvulas, que não dão fechamento estanque, são usadas em grandes diâmetros, para ar, gases e água em baixa pressão, e também em quaisquer diâmetros, para produtos de alta viscosidade (pasta de papel, por exem-

plo), e para fluidos abrasivos.

2. Válvulas de fecho rápido (quick-acting valves) - Nessas válvulas a gaveta é manobrada por uma alavanca externa, fechando-se com um movimento único da alavanca.

   As válvulas de fecho rápido são usadas apenas em serviços em que se exija o fechamento rápido, porque pela interrupção brusca do movimento do fluido, podem causar violentos choques nas tubulações.

3. Válvulas de passagem plena (through conduit valves) - As válvulas de passagem plena, muito empregadas em oleodutos, têm uma gaveta volumosa e contendo um orifício exatamente do mesmo diâmetro interno da tubulação. A válvula é construída de tal forma, que quando aberta, o orifício da gaveta fica em rigorosa continuação da tubulação, fazendo com que a perda de carga através da válvula seja extremamente baixa. Essa disposição tem ainda a vantagem de facilitar a limpeza mecânica interna da tubulação, bem como com a passagem dos "pigs", sejam eles de limpeza ou de inspeção, muito usados em oleodutos. A carcaça dessas válvulas tem uma protuberância inferior para alojar a gaveta quando a válvula estiver fechada.

12.4 – Válvulas Macho

As válvulas macho representam, em média, cerca de 10% de todas as válvulas usadas em tubulações industriais. Aplicam-se principalmente nos serviços de bloqueio de gases (em quaisquer diâmetros, temperaturas e pressões), e também no bloqueio rápido de água, vapor e líquidos em geral (em pequenos diâmetros e baixas pressões).

As válvulas macho são recomendadas também para serviços com líquidos que deixem sedimentos ou que tenham sólidos em suspensão.

Uma das vantagens dessas válvulas sobre as de gaveta é que o espaço ocupado é muito menor.

Nessas válvulas o fechamento é feito pelo acionamento de uma haste, a qual promove a rotação de um obturador (macho), bloqueando o orifício interior no corpo da válvula.

São válvulas de fecho rápido, porque se fecham com ¼ de volta do macho ou da haste. As válvulas macho só devem ser usadas como válvulas de bloqueio, isto é, não devem funcionar em posições de fechamento parcial.

Quando totalmente abertas, a perda de carga causada é bastante pequena, porque a trajetória do fluido é também reta e livre.

O macho é quase sempre tronco-cônico, dispondo, exceto em válvulas muito pequenas, de um meio qualquer de ajustagem na sede, tal como mola, parafuso, etc.

Existem dois tipos gerais de válvulas macho: válvulas com e sem lubrificação. Nas válvulas com lubrificação há um sistema de injeção de graxa lubrificante sob pressão através do macho para melhorar a vedação e evitar que o macho possa ficar preso; são as válvulas geralmente empregadas em serviços com gases.

O lubrificante usado deve ser tal que não se dissolva nem contamine o fluido conduzido. O macho tem sempre rasgos para a distribuição do lubrificante por toda superfície de contato com as sedes.

As válvulas sem lubrificação, de boa qualidade, usadas para gases, têm o macho e as sedes endurecidos e retificados, ou sedes removíveis de material resiliente (borracha, neoprene, teflon etc.); essas últimas não são à prova de fogo, só podendo ser empregadas até o limite de temperatura permitido pelo material das sedes.

Essas válvulas, que proporcionam ótima vedação, são de uso mais raro do que as com lubrificação; empregam-se, por exemplo, para temperaturas com fluidos para os quais não haja lubrificante adequado.

São comuns também válvulas macho pequenas e baratas, não lubrificadas, chamadas de "torneiras" (cocks), nas quais o macho é integral com a haste; empregam-se as torneiras para drenos e outros serviços secundários com água, vapor e óleos.

As válvulas macho com diâmetros nominais até 4" - 6" costumam ser manobradas por alavanca; para diâmetros maiores empregam-se volantes com parafuso sem fim, com a finalidade de facilitar a operação.

12.4.1 – Variantes das Válvulas Macho

1. Válvulas de esfera - O macho nessas válvulas é uma esfera que gira sobre um diâmetro, deslizando entre anéis retentores de material resiliente não metálico, tornando a vedação absolutamente estanque.

As vantagens das válvulas de esfera sobre as de gaveta são o menor tamanho, peso e custo, melhor vedação, maior facilidade de operação e menor perda de carga.

Essas válvulas são também melhores para fluidos que tendem a deixar depósitos sólidos, por arraste, polimerização, coagulação, etc.

A superfície interna lisa da válvula dificulta a formação desses depósitos, enquanto que, para a válvula de gaveta, o depósito pode impedir o fechamento completo ou a própria movimentação da gaveta.

Algumas válvulas de esfera são "à prova de fogo" – FIRE SAFE, com dispositivos especiais de dupla sede garantindo perfeita vedação, mesmo no caso de destruição dos anéis retentores, estando a válvula envolvida por um incêndio, as válvulas devem atender aos requisitos da norma API 6FA.

As válvulas de esfera podem ser de "passagem plena" ou de "passagem reduzida"; nas primeiras, o orifício da válvula é equivalente à seção interna do tubo e, nas outras, é menor.

Essas últimas são bastante usadas por motivo de economia.

Existem também válvulas desse tipo que têm o furo na esfera em forma de "V" e que podem ser empregadas tanto para bloqueio como para regulagem.

Tanto as válvulas macho como as de esfera são muito facilmente adaptáveis à operação por meio de atuadores pneumáticos ou elétricos, com comando remoto.

2. Válvulas de 3 ou 4 vias (three & four way valves) - O macho nessas válvulas é furado em "T", em "L" ou em cruz, dispondo a válvula de 3 ou 4 bocais para ligação às tubulações .

As válvulas de 3 e 4 vias são fabricadas e empregadas apenas em diâmetros pequenos, até 4".

12.5 – Válvulas Globo

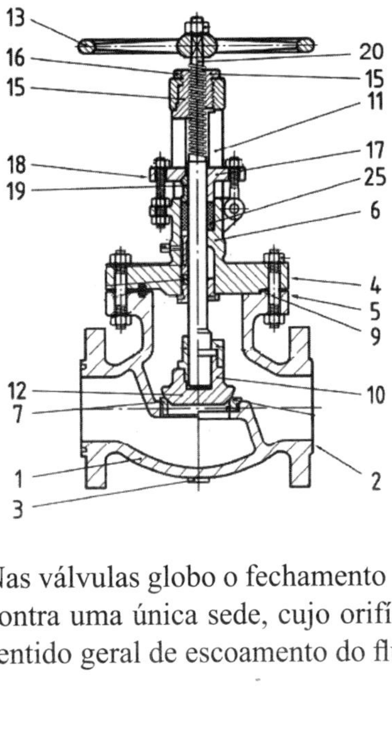

Válvula Globo

Item	Descrição	Item	Descrição
1	Corpo	12	Anel Bipartido
2	Flange	13	Volante
3	Ressalto do dreno	14	Porca do volante
4	Flange da tampa	15	Bucha da haste
5	Flange do corpo e tampa	16	Porca de retenção da bucha da haste
6	Tampa	17	Preme-gaxeta
7	Anel da sede	18	Flange do preme-gaxeta
9	Junta de Vedação	20	Haste
10	Disco	25	Gaxeta
11	Castelo		

Nas válvulas globo o fechamento é feito por meio de um tampão que se ajusta contra uma única sede, cujo orifício está geralmente em posição paralela ao sentido geral de escoamento do fluido .

As válvulas globo podem trabalhar em qualquer posição de fechamento, isto é, são válvulas de regulagem.

Causam, entretanto, em qualquer posição, fortes perdas de carga devido às mudanças de direção e turbilhonamento do fluido dentro da válvula.

As válvulas globo dão uma vedação bem melhor do que as válvulas de gaveta, podendo-se conseguir, principalmente em válvulas pequenas, uma vedação absolutamente estanque. Na maioria das válvulas globo o fechamento é de metal contra metal, o que torna essas válvulas à prova de fogo desde que todos os metais sejam de alto ponto de fusão (mais de 1.100ºC).

Em algumas válvulas, de tamanhos pequenos, tem-se o tampão com um anel não metálico, de borracha, neoprene, plásticos, etc.

Essas válvulas, que estão limitadas às temperaturas de trabalho dos materiais não metálicos do tampão, dão uma vedação muito boa e destinam-se, entre outras aplicações, a serviços com fluidos corrosivos.

O tampão pode ser integral com a haste, que é o sistema usado em válvulas pequenas e baratas, ou desmontável, que é a disposição usual nas válvulas maiores de melhor qualidade.

Exceto em válvulas pequenas e baratas, a sede costuma ser um anel substituível rosqueado no corpo da válvula.

Como regra geral, as válvulas globo devem ser instaladas de forma que o fluido entre pela face inferior do tampão.

As válvulas globo são usadas principalmente para serviços de regulagem e de fechamento estanque em linhas de água, óleos, líquidos em geral (não muito corrosivos), e para o bloqueio e regulagem em linhas de vapor e de gases.

Para todos esses serviços as válvulas globo são empregadas para quaisquer pressões e temperaturas, em diâmetros até 8”.

Não é usual o emprego de válvulas globo em diâmetros maiores porque seriam muito caras e dificilmente dariam uma boa vedação.

12.5.1 – Variantes das Válvulas Globo

1. Válvulas angulares (angle valves) - As válvulas angulares têm os bocais da entrada e de saída a 90°, um com o outro, dando por isso perdas de carga bem menores do que as válvulas globo normais.

Essas válvulas têm pouco uso em tubulações industriais porque uma válvula, em princípio, não deve sofrer os esforços aos quais as curvas e joelhos estão geralmente submetidos.

Por essa razão, só se devem usar válvulas angulares, quando localizadas em uma extremidade livre da linha, principalmente tratando-se de linhas quentes.

2. Válvulas em "Y" - Essas válvulas têm a haste a 45° com o corpo, de modo que a trajetória da corrente fluida fica quase retilínea, com um mínimo de perda de carga.

Essas válvulas são muito usadas para bloqueio e regulagem de vapor, e preferidas também para serviços corrosivos e erosivos.

3. Válvulas de agulha (needle valves) - O tampão nessas válvulas é substituído por uma peça cônica, a agulha, permitindo um controle de precisão do fluxo.

São válvulas usadas para regulagem fina de líquidos e gases, em diâmetros até 2".

12.6 – Válvulas de Retenção

Essas válvulas permitem a passagem do fluido em um sentido apenas, fechando-se automaticamente por diferença de pressões, exercidas pelo fluido em consequência do próprio escoamento, se houver tendência à inversão no sentido do fluxo. São, portanto, válvulas de operação automática.

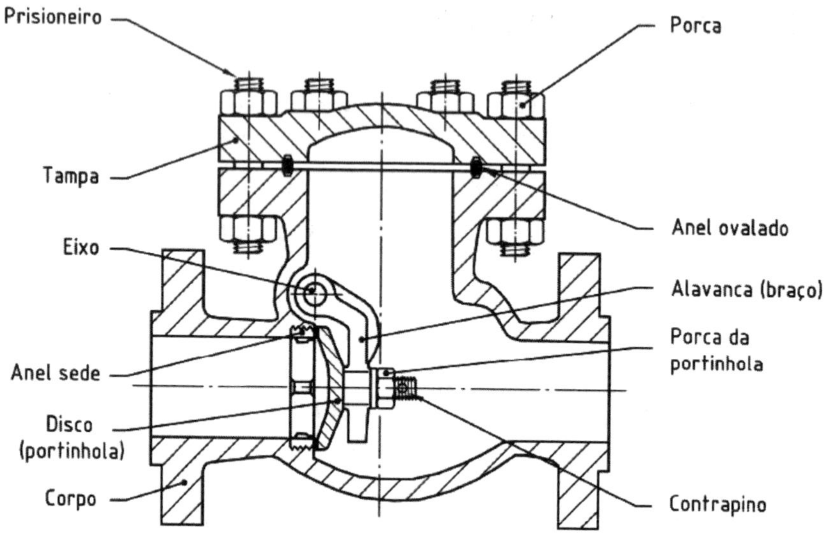

Empregam-se as válvulas de retenção quando se quer impedir, em determinada linha, qualquer possibilidade de retorno do fluido por inversão do sentido de escoamento. Como todas essas válvulas provocam uma perda de carga muito elevada, só devem ser usadas quando forem de fato imprescindíveis.

Citaremos três casos típicos de uso obrigatório de válvulas de retenção:

1. Linhas de recalque de bombas (imediatamente após a bomba) quando se tiver mais de uma bomba em paralelo descarregando no mesmo tronco. As válvulas de retenção servirão, nesse caso, para evitar a possibilidade da ação de uma bomba que estiver operando sobre outras bombas que estiverem paradas.

2. Linha de recalque de uma bomba para um reservatório elevado. A válvula de retenção evitará o retorno do líquido no caso de ocorrer uma paralisação súbita no funcionamento da bomba.

3. Extremidade livre de uma linha de sucção de bomba (válvula mergulhada no líquido), no caso de sucção positiva. A válvula de retenção (válvula de pé) servirá para manter a escorva da bomba.

As válvulas de retenção devem sempre ser instaladas de tal maneira que a ação da gravidade tenda a fechar a válvula.

Por esse motivo, quase todas essas válvulas (com exceção de alguns modelos de portinhola dupla com mola) só podem ser colocadas em tubos verticais, quando o fluxo for ascendente.

Existem três tipos principais de válvulas de retenção:

1. Válvulas de retenção de levantamento (lift-check valves)

O fechamento dessas válvulas é feito por meio de um tampão, semelhante ao das válvulas globo, cuja haste desliza em uma guia interna.

O tampão é mantido suspenso, afastado da sede, por efeito da pressão do fluido sobre a sua face inferior.

É fácil de entender que caso haja tendência à inversão do sentido de escoamento, a pressão do fluido sobre a face superior do tampão, aperta-o contra a sede, interrompendo o fluxo. Existem modelos diferentes para trabalhar em posição horizontal e em posição vertical.

As válvulas de retenção de pistão (piston-check valves) são uma variante desse tipo nas quais a peça de fechamento é um pistão deslizante.

Todas essas válvulas causam perdas de carga bastante elevadas, não sendo por isso fabricadas nem usadas para diâmetros acima de 6".

As válvulas desse tipo são adequadas ao trabalho com gases e vapores. Não devem ser usadas para fluidos que deixem sedimentos ou depósitos sólidos.

Essas válvulas podem ser empregadas para tubulações com fluxo pulsante ou sujeitas a vibrações.

2. Válvulas de retenção de portinhola (swing-check valves) - É o tipo mais usual de válvulas de retenção; o fechamento é feito por uma portinhola articulada que se assenta no orifício da válvula.

Existem também modelos para trabalhar em posição horizontal (mais comum), ou vertical.

As perdas de carga causadas, embora elevadas, são menores do que as introduzidas pelas válvulas de retenção de levantamento, porque a trajetória do fluido é retilínea.

Essas válvulas são empregadas para serviços com líquidos; não devem ser usadas em tubulações sujeitas a frequentes inversões de sentido de fluxo, porque nesse caso têm tendência a vibrar fortemente (chattering).

Para diâmetros muito grandes, acima de 12 pol, essas válvulas costumam ter a portinhola balanceada, isto é, o eixo de rotação atravessa a portinhola que fica assim com uma parte para cada lado do eixo.

A finalidade dessa disposição é amortecer o choque de fechamento da válvula quando houver inversão do fluxo.

Algumas válvulas de retenção desse tipo têm uma alavanca externa, com a qual a portinhola pode ser aberta ou fechada, à vontade, quando necessário.

Estão atualmente muito em uso, principalmente para grandes diâmetros, válvulas de portinhola tipo "wafer", que são muito mais leves e mais curtas do que as válvulas de construção convencional.

Existem também válvulas tipo "wafer" de portinhola dupla bipartida (válvulas "duo-deck"), que apresentam, em relação às válvulas convencionais, menor tamanho e menor perda de carga; algumas dessas válvulas, com fechamento por mola, podem trabalhar em tubos verticais com fluxo para baixo.

3. <u>Válvulas de retenção de esfera (ball-check valves)</u> - São semelhantes às válvulas de retenção de levantamento, sendo, porém, o tampão substituído por uma esfera.

É o tipo de válvula de retenção cujo fechamento é mais rápido. Essas válvulas, que são muito boas para fluidos de alta viscosidade, são fabricadas e usadas apenas para diâmetros até 2".

12.6.1 – Variantes das Válvulas de Retenção

Válvulas de pé (foot valves) - São válvulas de retenção especiais para manter a escorva (linha com líquido) nas linhas de sucção de bombas; devem ser instaladas na extremidade livre da linha, ficando mergulhadas dentro do líquido no reservatório de sucção.

Essas válvulas são semelhantes às válvulas de retenção de levantamento, tendo geralmente no tampão um disco de material resiliente (plástico, borracha, etc.), para melhorar a vedação.

Possuem também uma grade externa de proteção.

2. Válvulas de retenção e fechamento (stop-check valves) - São semelhantes às válvulas globo, tendo o tampão capaz de deslizar sobre a haste.

Na posição aberta, funcionam com válvula de bloqueio. Usadas nas linhas de saída de caldeiras.

12.7 – Válvulas de Segurança e de Alívio

Essas válvulas controlam a pressão a montante abrindo-se automaticamente, quando essa pressão ultrapassar um determinado valor para o qual a válvula foi ajustada, e que se denomina "pressão de abertura" da válvula (set-pressure).

A válvula fecha-se em seguida, também automaticamente, quando a pressão cair abaixo da pressão de abertura.

A construção dessas válvulas é semelhante a das válvulas globo angulares.

O tampão é mantido fechado contra a sede pela ação de uma mola, com porca de regulagem.

Regula-se a tensão da mola de maneira que a pressão de abertura da válvula tenha o valor desejado.

A mola pode ser interna, dentro do castelo da válvula, ou externa, preferindo-se essa última disposição para serviços com fluidos corrosivos ou viscosos, para que o fluido não fique em contato com a mola.

Existem ainda válvulas que em lugar da mola têm um contrapeso externo de posição ajustável, que mantém a válvula fechada.

Essas válvulas, muito empregadas no passado, estão atualmente quase desaparecidas.

Todas essas válvulas são chamadas "de segurança" quando destinadas a trabalhar com fluidos elásticos (vapor, ar, gases), e "de alívio" quando destinadas a trabalhar com líquidos, que são fluidos incompressíveis.

A construção das válvulas de segurança e de alívio é basicamente a mesma; a principal diferença reside no perfil da sede e do tampão.

Devido à compressibilidade e à força elástica, para fazer cair a pressão de um gás é necessário que um grande volume do gás possa escapar em um tempo muito curto.

Por essa razão, o desenho dos perfis da sede e do tampão nas válvulas de segurança é feito de tal forma que a abertura total se dê imediatamente após ser atingida a pressão de abertura.

Nas válvulas de alívio, pelo contrário, a abertura é gradual, atingindo o máximo com 110 a 125% da pressão de abertura, porque uma pequena quantidade de líquido que escape faz logo abaixar muito a pressão.

As válvulas de segurança devem ser instaladas sempre acima do nível do líquido, para que não sejam atravessadas pelo líquido. Costumam ter uma alavanca externa com a qual é possível fazer-se manualmente o disparo da válvula para teste.

Modernamente, foram desenvolvidas válvulas de segurança que tanto podem servir para líquidos como para gases (pop-safety valves), de forma que, para essas válvulas, a antiga distinção entre válvulas de segurança e de alívio é um conceito ultrapassado.

A norma API-RP-2000, do "American Petroleum Institute", contém fórmulas e procedimentos de cálculo para o dimensionamento de válvulas de segurança e de alívio. Elas costumam ser consideradas como instrumentos, e não como componentes de tubulação.

As válvulas de quebra de vácuo (ou ventosas) destinadas a evitar a formação de vácuo em tubulações, são também semelhantes às válvulas de segurança, com a diferença de que se abrem de fora para dentro admitindo ar, quando há um vácuo, em lugar de se abrirem de dentro para fora.

Essas válvulas são empregadas principalmente em tubulações de grande diâmetro, nas quais a formação acidental de um vácuo pode causar o colapso em consequência da pressão atmosférica.

12.8 – Válvulas de Controle

Essas válvulas são usadas em combinação com instrumentos automáticos, e comandadas à distância por esses instrumentos, para controlar a vazão ou a pressão de um fluido.

A válvula tem sempre um atuador (pneumático, hidráulico ou elétrico), que faz movimentar a peça de fechamento, em qualquer posição, em determinada proporção, por um sinal recebido de uma fonte motriz externa.

Esse sinal (a pressão do ar comprimido, por exemplo) é comandado diretamente pelo instrumento automático. A válvula em si é quase sempre semelhante a uma válvula globo.

Para diminuir o esforço necessário à operação, e assim facilitar o controle, essas válvulas têm frequentemente dois tampões superpostos na mesma haste, que se assentam em duas sedes colocadas de tal maneira que a pressão do fluido exercida sobre um tampão contrabalança a pressão exercida sobre o outro .

É evidente que para qualquer tipo de válvula a percentagem de fluxo permitido é função da percentagem de abertura da válvula, isto é, existe sempre uma relação de interdependência entre o fluxo permitido e a posição de abertura.

Quando a abertura é zero, o fluxo também é zero; quando a abertura é 100%, o fluxo é 100%.

Nas posições intermediárias a percentagem de fluxo pode ser maior ou menor do que a percentagem de abertura, dependendo do tipo de válvula e dos perfis da sede e da peça de fechamento.

No caso das válvulas de controle, essa relação de interdependência é muito importante, por se tratar de válvulas destinadas á regulagem rigorosa do fluxo em qualquer posição.

Os tampões e sedes dessas válvulas têm perfis especialmente projetados e cuidadosamente construídos para resultar em funções predeterminadas.

As válvulas de controle, embora dificilmente deem uma vedação perfeita, são sempre de construção e usinagem cuidadosas, e de materiais da melhor qualidade.

12.8.1 – Outros Tipos Importantes de Válvulas

1. Válvulas borboleta

As válvulas borboleta são basicamente válvulas de regulagem, mas também podem trabalhar como válvulas de bloqueio.

O fechamento da válvula é feito pela rotação de uma peça circular (disco), em torno de um eixo perpendicular à direção de escoamento do fluido.

Existem também válvulas de construção convencional, com extremidades flangeadas, que são evidentemente mais pesadas, mais compridas e mais caras do que o modelo da figura.

Essas válvulas são empregadas para altas pressões e para diâmetros grandes, onde a montagem das válvulas do tipo "wafer" pode ser difícil.

Quase todas as válvulas borboleta têm anéis de sede não metálicos (teflon, neoprene, buna N, etc.), com os quais se consegue uma vedação muito boa. Algumas possuem um punho com catraca na alavanca, permitindo a fixação da alavanca nas posições aberta ou fechada, bem como em várias posições intermediárias.

Existem válvulas com revestimento anticorrosivo tanto no corpo como no eixo e no disco de fechamento, que podem ser usadas em serviços de alta corrosão.

As válvulas borboleta são empregadas principalmente para tubulações de grande diâmetro, baixas pressões e temperaturas moderadas, tanto para líquidos como para gases, inclusive para líquidos sujos ou contendo sólidos em suspensão, bem como para serviços corrosivos. O emprego dessas válvulas tem aumentado muito, por serem leves e baratas, e também por serem facilmente adaptáveis a comando remoto.

2. Válvula de diafragma

São válvulas sem gaxeta muito usadas para regulagem ou bloqueio com fluidos corrosivos, tóxicos, inflamáveis, ou perigosos de um modo geral.

O fechamento da válvula é feito por meio de um diafragma flexível que é apertado contra a sede; o mecanismo móvel que controla o diafragma fica completamente fora do contato com o fluido.

Existem também algumas válvulas de diafragma que têm a passagem reta, próprias para serviços que necessitam eventualmente de desobstrução mecânica através da válvula.

As válvulas de diafragma são quase sempre válvulas pequenas (até 6"), geralmente de materiais não metálicos ou de metais com revestimentos internos especiais contra a corrosão (ebonite, borracha, plásticos, vidro, porcelana, etc.).

A temperatura limite de trabalho da válvula está geralmente na dependência do material empregado no diafragma, que varia conforme o fluido conduzido (borracha natural, borrachas sintéticas, neoprene, teflon, etc.).

3. Válvulas redutoras de pressão

As válvulas redutoras de pressão regulam a pressão a jusante da válvula, fazendo com que essa pressão mantenha-se dentro dos limites preestabelecidos. Elas são automáticas, isto é, funcionam sem intervenção de qualquer ação externa.

Em muitas delas o funcionamento se faz através de uma pequena válvula-piloto, integral com a válvula principal e atuada pela pressão de montante, que dá ou não passagem ao fluido para a operação da válvula principal.

Tanto a válvula-piloto como a principal fecham-se por meio de molas de tensão regulável de acordo com a pressão desejada.

Capítulo 13

Flanges

Utilizam-se flanges em instalações industriais, principalmente, quando se deseja facilitar a montagem e desmontagem e, por conseguinte, a manutenção de componentes de uma tubulação.

São utilizados para fazer a interligação entre um tanque de armazenamento e a linha que o abastece, na instalação de equipamentos no costado de um vaso de pressão ou tanque de armazenamento.

Também são utilizados para conectar spools ou trechos de uma tubulação, permitindo, assim, uma manutenção mais eficiente.

13.1 – Normas

Os flanges de aplicação industrial seguem as especificações da ANSI B16.5, do ASME, da norma alemã DIN ou da norma brasileira ABNT, dentre outras.

Dentre as normas mais usuais estão:

ASME B16.9 – Factory Made Wrought Buttwelding Fittings
ASME B16.11 – Forged Fitting, Socket Welding,& Threaded
ASME B16.5 – Pipe Flanges and Flanged Fittings
ASME B16.47 – Large Diameter Steel Flanges
AWWA C207 – Steel Pipe Flanges for Waterworks Service Sizes DN 4" – DN 144"

13.2 – Processos de Fabricação

Os flanges podem ser fabricados de chapas, fundidos e forjados.

13.3 – Alguns materiais utilizados para fabricação de flanges

Norma	Grau	Limite de Escoamento (psi)	Composição Química			Aplicação
			Cr (%)	Ni (%)	Mo (%)	
ASTM A105	-	36000	-	-	-	Temperaturas Elevadas
ASTM A 181	I	30000				Temp. até 120°C
	II	36000				
ASTM A 182	F1	40000	-	-	0,40-0,60	Temperatura alta
	F5a	65000	4,0 a 6,0	0,50 Max	0,45-0,60	
	F304	30000	18,0-20,0	8,0-11,0	-	
	F304L	25000	18,0-20,0	8,0-13,0	-	
	F316	30000	16,0-18,0	10,0-14,0	2,0-3,0	
	F316L	25000	16,0-18,0	10,0-15,0	2,0-3,0	
ASTM A 350	LF1	30000				
	LF3	40000	-	3,25-3,75		Criogenia

13.4 – Tensões Admissíveis – ASME / ANSI B 16.5

TENSÃO ADMISSÍVEL EM FLANGES DE AÇO – ASME/ANSI B 16.5								
TEMPERATURA °F	**Grupo 1.1**		**Grupo 1.2**		**Grupo 1.5**		**Grupo 1.7**	
	Classe 150# (PSI)	**Classe 300# (PSI)**	**Classe 150# (PSI)**	**Classe 300# (PSI)**	**Classe 150# (PSI)**	**Classe 300# (PSI)**	**Classe 150# (PSI)**	**Classe 300# (PSI)**
-20 a 100	285	740	290	750	265	695	290	750
200	260	675	260	750	260	680	260	750
300	230	655	230	730	230	655	230	720
400	200	635	200	705	200	640	200	695

500	170	600	170	665	170	620	170	665
600	140	550	140	605	140	605	140	605
650	125	535	125	590	125	590	125	590
700	110	535	110	570	110	570	110	570
750	95	505	95	505	95	530	95	530
800	80	410	80	410	80	510	80	510
850	65	270	65	270	65	485	65	485
900	50	170	50	170	50	450	50	450
950	35	105	35	105	35	280	35	315
1000	20	50	20	50	20	165	20	200
1050	-	-						160

GRUPOS	NORMAS	NOTAS

Grupo 1.1	ASTM A105 (1) – A350 Gr. LF2 (1) – A350 Gr. LF6 CL 1 (2) ASTM A216 Gr. WCB (1) ASTM A515 Gr. 70 (1) – A516 Gr. 70 (1) (3) – A537 CL 1 (4)	(1) – PERMITIDO MAS NÃO RECOMENDADO PARA USO PROLONGADO ACIMA DE 800 °F. (2) – NÃO USAR ACIMA DE 500°F. (3) – NÃO USAR ACIMA DE 850°F. (4) – NÃO USAR ACIMA DE 700°F. (5) – NÃO USAR ACIMA DE 650°F. (6) – PERMITIDO MAS NÃO RECOMENDADO PARA USO PROLONGADO ACIMA DE 875 °F. (7) – NÃO USAR ACIMA DE 1000°F.
Grupo 1.2	ASTM A350 Gr. LF6 CL 2 (2) – A350 Gr. LF 3 ASTM A216 Gr. WCC (1) – A352 Gr. LCC (5) – A352 Gr. LC2 – A352 Gr. LC3	
Grupo 1.5	ASTM A182 Gr. F1 (6) ASTM A217 Gr. WC1 (6) – A352 Gr. LC1 (5) ASTM A204 Gr. A (6) – A204 Gr. B (6)	
Grupo 1.7	ASTM A182 Gr. F2 (6) ASTM A217 Gr. WC4 (7) – A217 Gr. WC5 ASTM A204 Gr. C (6)	

13.5 – Desenhos típicos de flanges

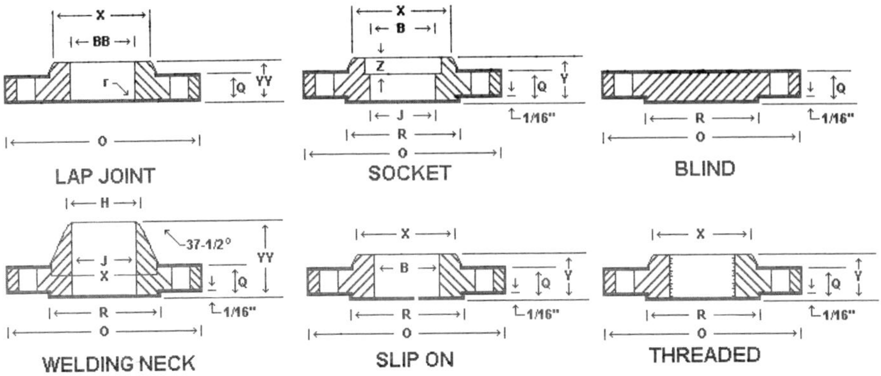

13.6 – Desenhos Típicos de outras conexões

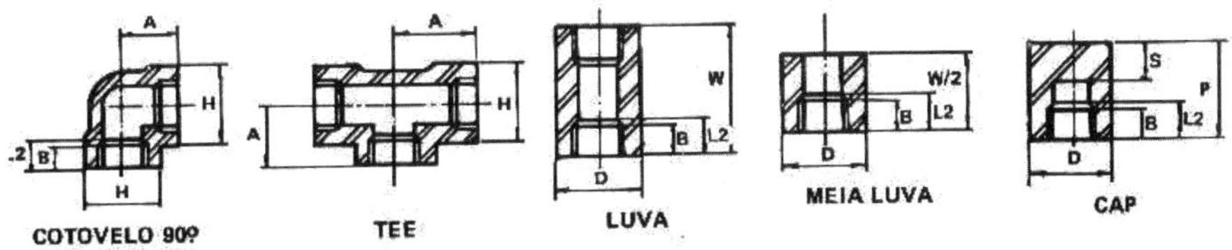

CONEXÕES DE AÇO ROSCADAS ANSI B 16.11

ø	A			H			G			W		P		D		S		B	L2
NOM.	2000	3000	6000	2000	3000	6000	2000	3000	6000	3000	6000	3000	6000	3000	6000	3000	6000		
1/8"	20,57	20,57	24,63	22,35	22,35	25,40	3,17	3,17	6,35	31,75		19,05	–	15,74	22,35	4,82	–	6,35	6,70
1/4"	20,57	24,63	28,44	22,35	25,40	33,27	3,17	3,30	6,60	35,05		25,40	26,92	19,05	25,40	4,82	6,35	8,12	10,20
3/8"	24,63	28,44	33,27	25,40	33,27	38,10	3,17	3,50	6,98	38,10		31,75	26,92	22,35	31,75	4,82	6,35	9,14	10,35
1/2"	28,44	33,27	38,10	33,27	38,10	45,97	3,17	4,08	8,15	47,75		36,57	33,27	28,44	38,10	6,35	7,87	10,92	13,55
3/4"	33,27	38,10	44,45	38,10	45,97	55,62	3,17	4,31	8,53	50,80		41,14	38,10	35,05	44,45	6,35	7,87	12,70	13,86
1"	38,10	44,45	50,80	45,97	55,62	61,97	3,68	4,97	9,93	60,45		44,45	42,92	44,45	57,15	9,65	11,17	14,73	17,34
1 1/4"	44,45	50,80	60,45	55,62	61,97	75,43	3,88	5,28	10,59	66,54		44,45	45,97	57,15	76,20	9,65	11,17	17,01	17,95
1 1/2"	50,80	60,45	76,20	61,97	75,43	84,07	4,01	5,56	11,07	79,24		47,75	47,75	63,50	63,50	11,17	12,70	17,78	18,37
2"	60,45	63,50	82,55	75,43	84,07	101,60	4,26	7,13	12,09	85,85		47,75	50,80	76,20	91,94	12,70	15,74	19,05	19,21
2 1/2"	76,20	82,55	95,25	91,94	101,80	120,65	5,61	7,64	15,29	91,94		60,45	63,50	91,94	107,85	15,74	19,05	25,90	28,90
3"	85,85	95,25	106,42	109,47	120,65	146,05	5,99	8,83	16,63	107,95		65,02	68,32	107,95	127	19,05	22,35	26,32	30,48
4"	106,42	114,30	114,30	146,05	152,40	152,40	6,55	11,1	18,65	120,65		68,32	74,67	139,70	158,75	22,35	28,44	27,68	33,08

Capítulo 14

Acessórios de Tubulação

As conexões são peças utilizadas na união de trechos de tubos ou spools, permitindo a mudança de direção, redução de diâmetro, derivação, fechamento de extremidades (raqueteamento), a fim de facilitar a montagem e desmontagem de uma linha.

Os materiais utilizados em fabricação de conexões são os materiais metálicos e não metálicos, podendo ser fabricadas por forjamento, fundição ou soldagem. Elas podem ser rosqueadas ou preparadas para solda ou de encaixe.

14.1 – Conexões

Podendo ser rosqueadas ou não:

- Luvas
- Joelhos
- Curvas (raio longo ou curto)
- Nipples
- Reduções
- Caps
- União
- Cruzetas
- Tês

14.2 – Acoplamentos roscados

Um dos meios de ligações entre tubos e seus acessórios é a rosca.

As roscas utilizadas para ligação de tubos e conexões não são as mesmas utilizadas para parafusos, porcas e eixos.

As roscas para tubos, chamadas roscas de vedação, devem cumprir duas funções: ligação mecânica e garantir estanqueidade.

Roscas normalizadas:

A ABNT normaliza os tipos de rosca para tubos de condução de fluidos.

São dois os tipos de rosca utilizados:

- Rosca BSP para tubos, conforme ABNT NM ISO 7-1:2000.
- Rosca NPT para tubos, conforme ABNT NBR 12912.

De acordo com a norma ABNT NM ISO7-1, devemos adotar as seguintes simbologias:

a) os símbolos para o tipo de rosca para tubos:
- a letra R seguida da letra p para rosca paralela interna;
- a letra R seguida da letra c para rosca cônica interna;
- a letra R para rosca externa;

Exemplos:

A completa designação de uma rosca esquerda de 1 ¼ de acordo com a norma ABNT NM ISO7-1:

Rosca interna	paralela	Rosca para tubos NM-ISO 7 -LRp 1 ¼
	cônica	Rosca para tubos NM-ISO 7 -LRc 1 ¼
Rosca externa	sempre cônica	Rosca para tubos NM-ISO 7 - LR 1 ¼

Para rosca esquerda as letras LH devem ser adicionadas à designação.

A rosca direita não exige designação especial.

Identificação dos Diâmetros Nominais a partir dos Diâmetros Reais Dp e Db para Rosca BSP

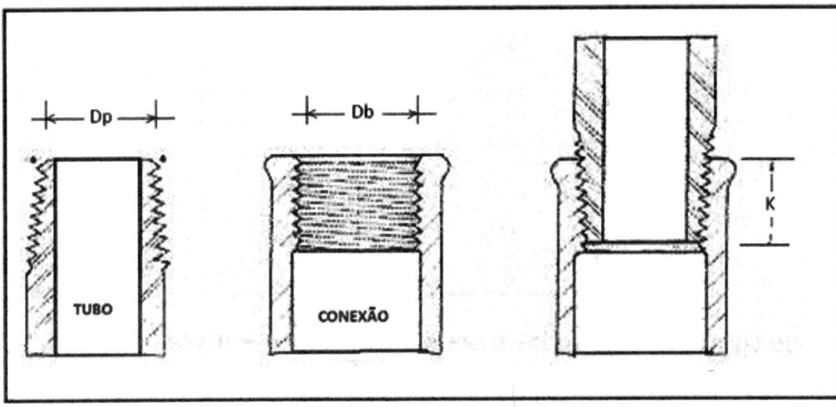

	Diâmetro Nominal em polegadas											
	1/4"	3/8"	1/2"	3/4"	1"	1 1/4"	1 1/2"	2"	2 1/2"	3"	4"	6"
Dp (mm)	12,8	16,3	20,4	25,9	32,5	41,1	47,0	58,6	74,1	86,6	111,4	162,0
Db (mm)	11,5	15,0	18,6	24,1	30,3	39,0	44,9	56,7	72,2	84,9	110,1	160,9
k (mm)	9,7	10,1	13,2	14,5	19,1	19,1	19,1	23,4	26,7	29,8	35,8	40,1

K – Comprimento útil de rosca (mm)

Dimensões Básicas das Conexões BSP

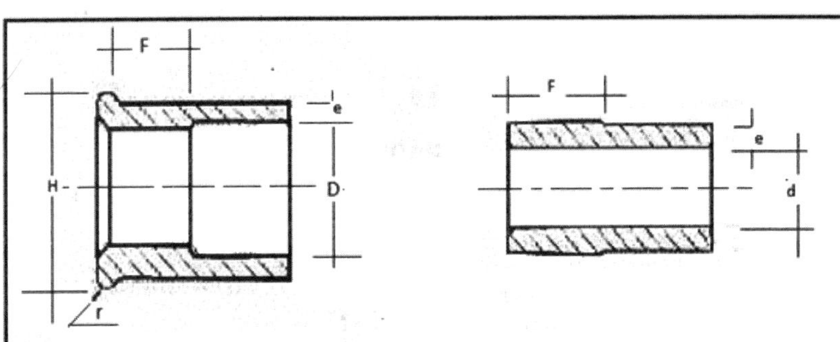

	Diâmetro Nominal em polegadas											
	1/4	3/8	1/2	3/4	1	1 1/4	1 1/2	2	2 1/2	3	4	6
F (mm)	11	11,5	15,0	16,5	19,0	21,5	24,5	26,0	30,5	33,5	39,5	43,5
d (mm)	7,6	10,9	14,8	19,4	25,4	33,5	39,0	50,2	65,3	76,8	99,6	146,2
D (mm)	11,6	15,4	19,6	25,0	31,4	40,4	46,2	58,2	73,8	86,6	111,8	162,6
e (mm)	2,6	2,7	2,8	3,2	3,6	3,8	4,0	4,2	4,4	4,9	5,9	7,9
r (mm)	2	2,0	2,5	2,5	3,0	3,0	3,5	3,5	4,0	4,0	4,5	6,0
H (mm)	19,8	23,8	28,6	34,8	42,6	52,0	58,6	71,6	88,0	102,4	130,6	188,4

Padrão de rosca NPT
ABNT NBR 12912

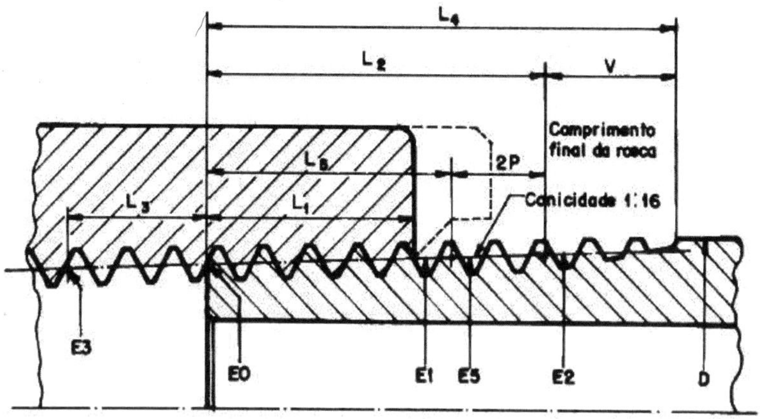

Dimensões principais da rosca NPT

Unid.:mm

Tamanho nominal	Diâmetro externo do tubo D	Diâmetro de flanco E_0	Acoplamento manual L_1[(A)]	Acoplamento manual – Diâmetro E_1[(B)]	Rosca útil externa[(C)] L_2	Rosca útil externa – Diâmetro E_2	Comprimento de aperto normal L_2-L_1
1/16 - 27	7,938	6,888	4,064	7,142	6,632	7,302	2,568
1/8 - 27	10,287	9,233	4,102	9,489	6,703	9,652	2,601
1/4 - 18	13,716	12,126	5,786	12,487	10,206	12,764	4,420
3/8 - 18	17,145	15,545	6,096	15,926	10,358	16,192	4,262
1/2 - 14	21,336	19,264	8,128	19,772	13,556	20,111	5,428
3/4 - 14	26,670	24,579	8,611	25,117	13,861	25,445	5,250
1 - 11,5	33,401	30,826	10,160	31,461	17,343	31,910	7,183
1 1/4 - 11,5	42,164	39,551	10,668	40,218	17,953	40,673	7,285
1 1/2 - 11,5	48,260	45,621	10,668	46,287	18,377	46,769	7,709
2 - 11,5	60,325	57,633	11,074	58,325	19,215	58,834	8,141
2 1/2 - 8	73,025	69,076	17,323	70,159	28,893	70,882	11,570
3 - 8	88,900	84,852	19,456	86,068	30,480	86,757	11,024
3 1/2 - 8	101,600	97,473	20,853	98,776	31,750	99,457	10,897
4 - 8	114,300	110,093	21,438	111,433	33,020	112,157	11,582
5 - 8	141,300	136,925	23,800	138,412	35,720	139,157	11,920
6 - 8	168,275	163,731	24,333	165,252	38,418	166,132	14,084

Diferença entre a rosca BSP e NPT
A rosca BSP é cônica no tubo e paralela na conexão.
A rosca NPT é cônica no tubo e na conexão.

PERFIL DA ROSCA BSP

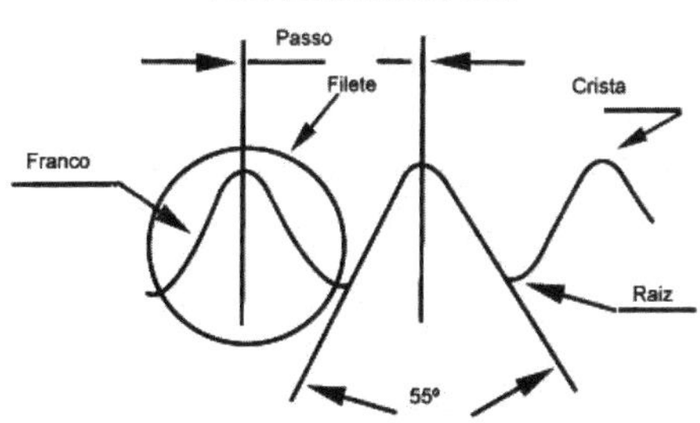

TUBO X CONEXÃO COM ROSCA BSP (T)

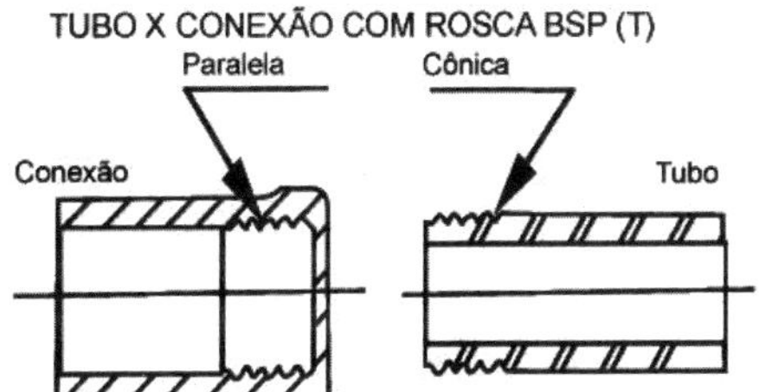

PERFIL DA ROSCA NPT

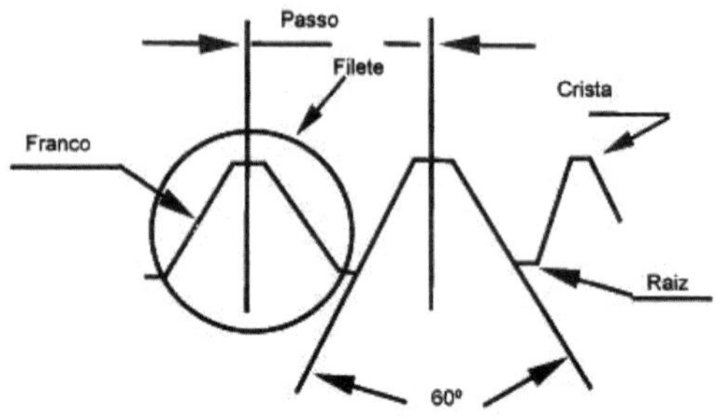

TUBO X CONEXÃO COM ROSCA NPT

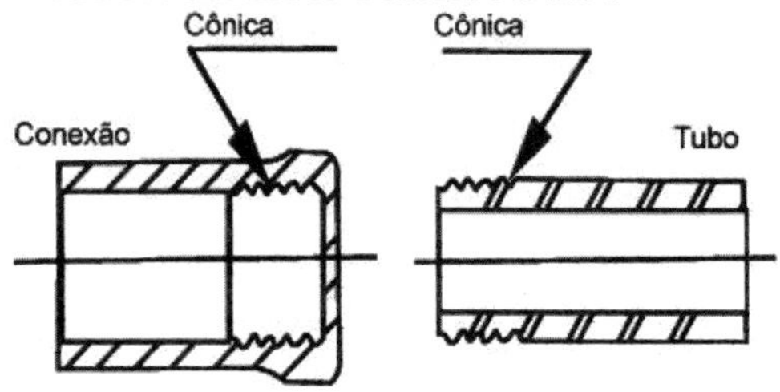

A rosca BSP é indicada para tubulação onde a pressão de serviço seja de 25 kgf/cm2 para tubos com diâmetro até 4 ½ pol e de 10 kgf/cm2 para tubos com diâmetros de 5 pol e 6 pol.

A rosca NPT é utilizada onde se tem alta pressão, onde haja choques, vibrações, mudanças bruscas de temperatura e pressão.

A faixa de pressão para este tipo de rosca se situa entre 21 kgf/cm2 d 140 kgf/cm2.

Cuidados na montagem

- Não permitir nas roscas dos tubos e conexões, falhas, oxidações, filetes de rosca com imperfeições;
- Seguir as orientações de aperto manual e com chave;
- Ter em mente que o aperto excessivo não garante a vedação;
- Só utilizar vedante quando permitido, adequado e aplicado conforme orientação;

- Verificar o alinhamento no acoplamento das roscas, pois, previne vazamentos e deformações;
- Remover oxidações e amassados;
- Realizar inspeção visual em tubos e conexões antes da sua utilização.

Capítulo 15

Elementos de Fixação

Parafusos

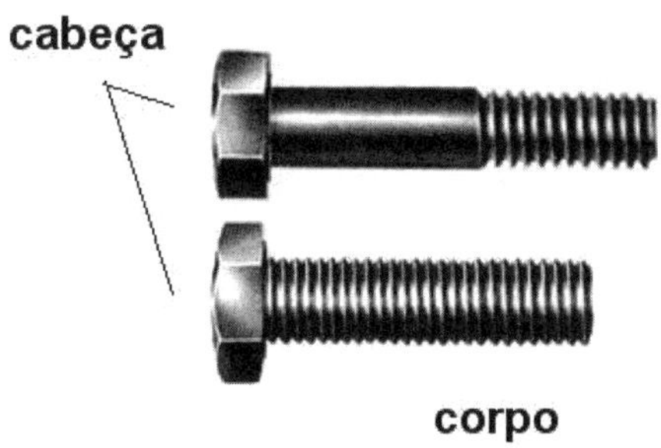

Parafusos são elementos de fixação, empregados na união não permanente de peças, isto é, permite que as peças possam ser montadas e desmontadas facilmente. Eles diferenciam-se pelo tipo da rosca e do formato da cabeça.

Os parafusos e porcas têm a sua terminologia associada à forma de sua cabeça, no caso dos parafusos, e na sua forma geométrica, no caso das porcas.

Os parafusos podem ser:

- Com cabeça sextavada
- Com cabeça sextavada Interno (Allen)
- Com cabeça sextavada com ressalto
- Com cabeça quadrada
- Com cabeça triangular
- Com cabeça boleada
- Com cabeça com fenda
- Com cabeça cilíndrica

Na especificação de parafusos, estojos, porcas, definimos o seu material, o seu diâmetro nominal, o tipo de rosca, tipo de acabamento e no caso de parafusos e estojos o comprimento total e o comprimento roscado.

As normas brasileiras ABNT NBR 5875 – Parafusos – Terminologia e ABNT NBR 10089 – Parafuso – Comprimento do corpo e da parte roscada devem ser consultados.

Os parafusos podem ser com rosca total, isto é, ao longo de seu comprimento ou rosca parcial.

Exemplos: Parafuso Sextavado ASTM A 307 Gr A – UNC 1 ½" x 4"

Materiais utilizados e suas normas

Material do Estojo ou Parafuso	Material da Porca
ASTM A 193 Grau B7	ASTM A 194 Grau 2H
ASTM A 320 Grau L7	ASTM A 194 Grau 4L
ASTM A193 Grau B7 – Revestido com Zn-Ni	ASTM A 194 Gr 4L – Revestido com Zn-Ni
ASTM A 193 Gr B8 CL 2	ASTM A 194 Gr 8TA
ASTM A 193 Gr B 16	ASTM A 194 Gr 2H
ASTM A 307 Graus A, B e C	ASTM A 307
ASTM A 325	ASTM A 325

PORCAS

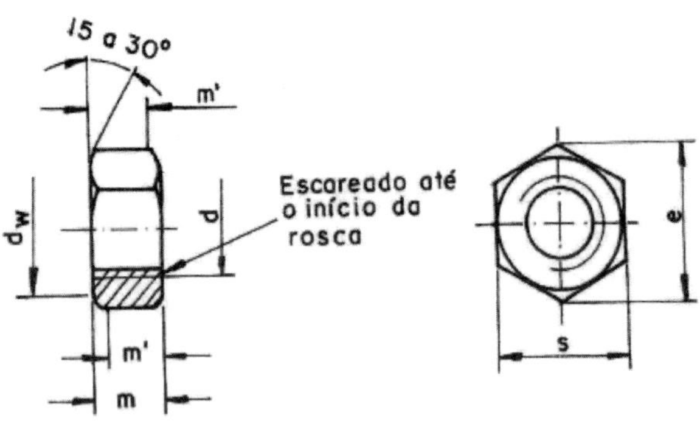

As porcas são classificadas quanto ao seu grau, isto é, porcas para serviços pesados, médios e leves.
Quanto a sua forma, as porcas podem ser QUADRADAS ou SEXTAVADAS.

Quanto ao uso, pode-se utilizá-las para travamento, onde utiliza-se o conjunto

PORCA e CONTRA-PORCA, PORCA-CASTELO.

Nas tabelas, na parte final do livro, encontram-se alguns exemplos de porcas sextavadas

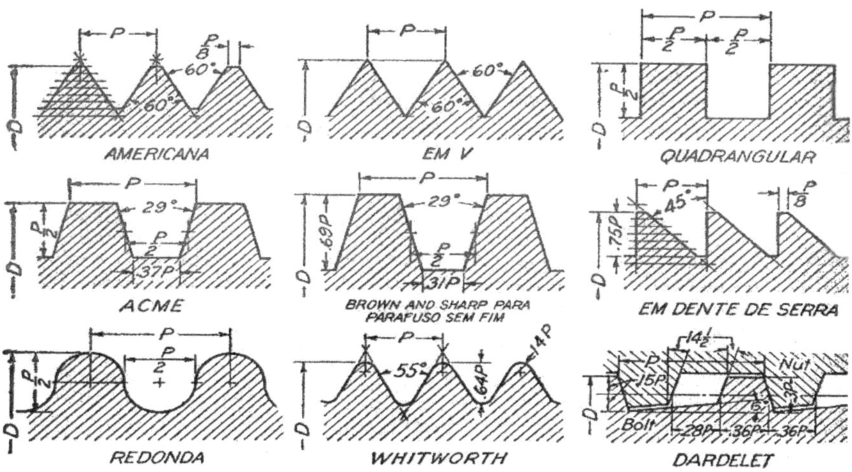

Perfis de rôsca

Tipos de Perfis de Roscas

Os parafusos, porcas, estojos, chumbadores são caracterizados pelo tipo de rosca.

Na figura acima, encontramos alguns dos perfis de rosca mais comumente utilizados na montagem e construção de equipamentos para o setor de Óleo e Gás.

Método de aperto mais recomendável

TORQUEAMENTO - Método de aperto mais recomendável

A equação básica para a determinação do torque e da força tensora é definida pela seguinte relação:

$T = F \times d \times C$ em [N.m]

Considerando C = 0,1 5 para aperto sem lubrificação e C=0,20 para aperto com lubrificação.

Onde F é a força tensora expressa em Newtons (N), d é o diâmetro nominal do parafuso expresso em milímetros (mm) e C é uma constante adimensional.

Para o cálculo utilizamos o conceito de tensão admissível, como sendo 75% da tensão ou limite de escoamento.

T = AR × LE x 0,75 × d × C

Onde AR é a área resistente do parafuso e LE é o limite de escoamento.

Propriedade mecânica	**Classe**			
	4.6	5.8	8.8	9.8
LR (kgf/mm2)	40	50	80	90
LE (kgf/mm2)	24	40	64	72

Exemplificando: Parafuso M12 – rosca grossa ou normal – Classe 4.6

Área resistente = 81,993 mm2

C= 0,20

T = (0,20 × 12 × 24 × 0,75 × 81,993) /1000 = 3,5421 Kgf.m

- **Controle de Torque**

Controle de Torque (zona elástica)
Controle de Gradiente de Torque/Ângulo até o Limite de Escoamento

Controle de Torque × Ângulo (zona plástica)
Controle de Alongamento (zona elástica)

No aparafusamento por controle de torque, a Força FM é alcançada com grande grau de incerteza, devido às inevitáveis variações dos coeficientes de atrito na zona de contato cabeça/junta, porca/junta e rosca interna e externa.

Capítulo 16

Simbologia

A simbologia para a representação nos desenhos de tubulações industriais, pode variar de acordo com as normas ou padrões adotados por cada empresa e/ou firma projetista.

A simbologia é parte integrante do projeto, sendo incorporado no desenho. Pode estar incorporada ao desenho ou apresentada em folha separada. Em qualquer dos casos, o profissional responsável pela fabricação e/ou montagem deve guiar-se pela simbologia adotada para o projeto em questão.

Os tubos são representados por símbolos, dependendo do seu diâmetro.

Convencionou-se que para tubo com DE (diâmetro externo) menores do que 12 pol inclusive, a representação seria uma linha e para tubos com DE maiores do que 14 pol inclusive, a representação seria uma linha dupla.

Tubos com DE menor do que 12 pol

Tubos com DE maior do que 14 pol

Representação de Linhas

Linhas Futuras ou Existentes	
Ramais de aquecimento a vapor	
Capilar Termométrico	
Fio elétrico para instrumento	
Ar de instrumento	
Tubulações Superpostas	

Tubulação Interrompida

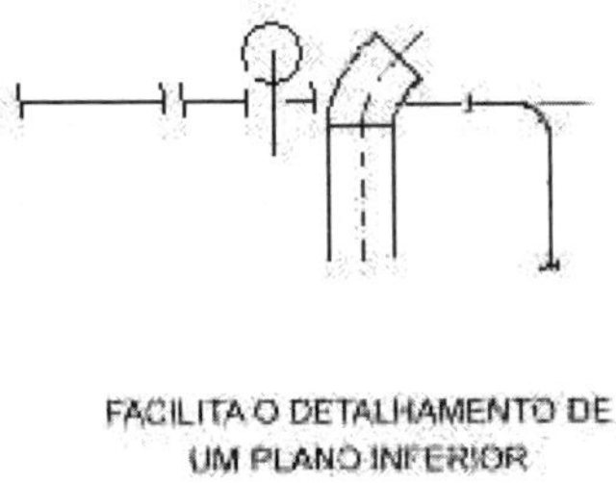

Mudança de Elevação

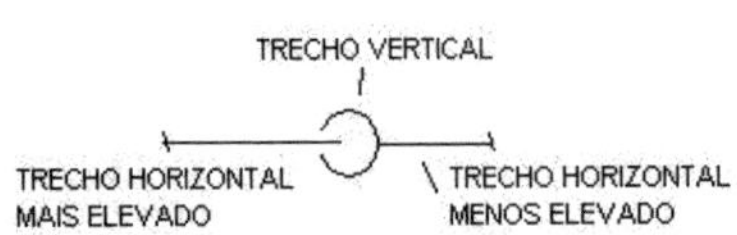

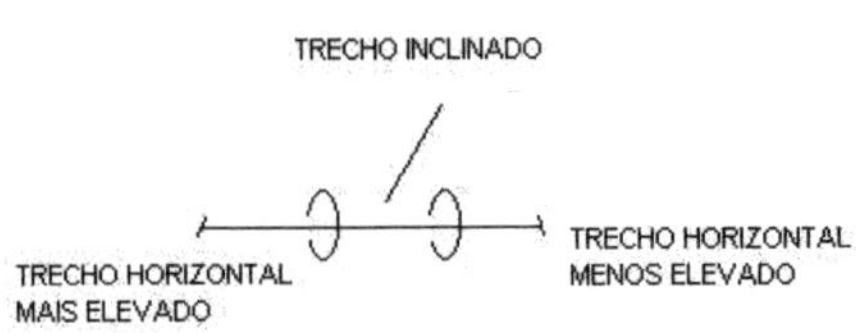

Derivações

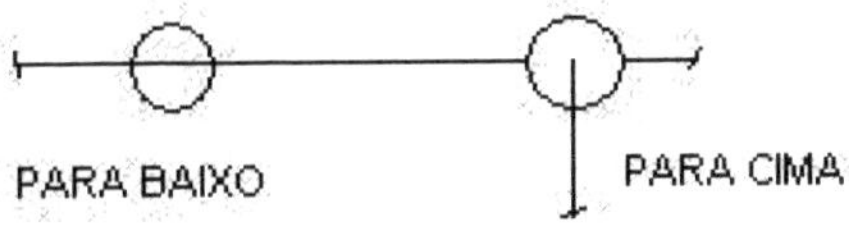

Extremidades

As extremidades de uma tubulação podem ser soldadas, rosqueadas, flangeadas ou com ponta-e-bolsa.

A seguir, veja a tabela com a representação de extremidades em um desenho.

Tipo de Extremidade	Representação Gráfica
Extremidade Soldada	
Extremidade Rosqueada	
Extremidade Flangeada	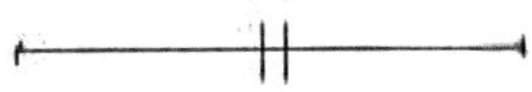
Extremidade Ponta-e-Bolsa	
Extremidade de Compressão	
Extremidade Tipo Engate Rápido	

Joelho e Tê – em projeção

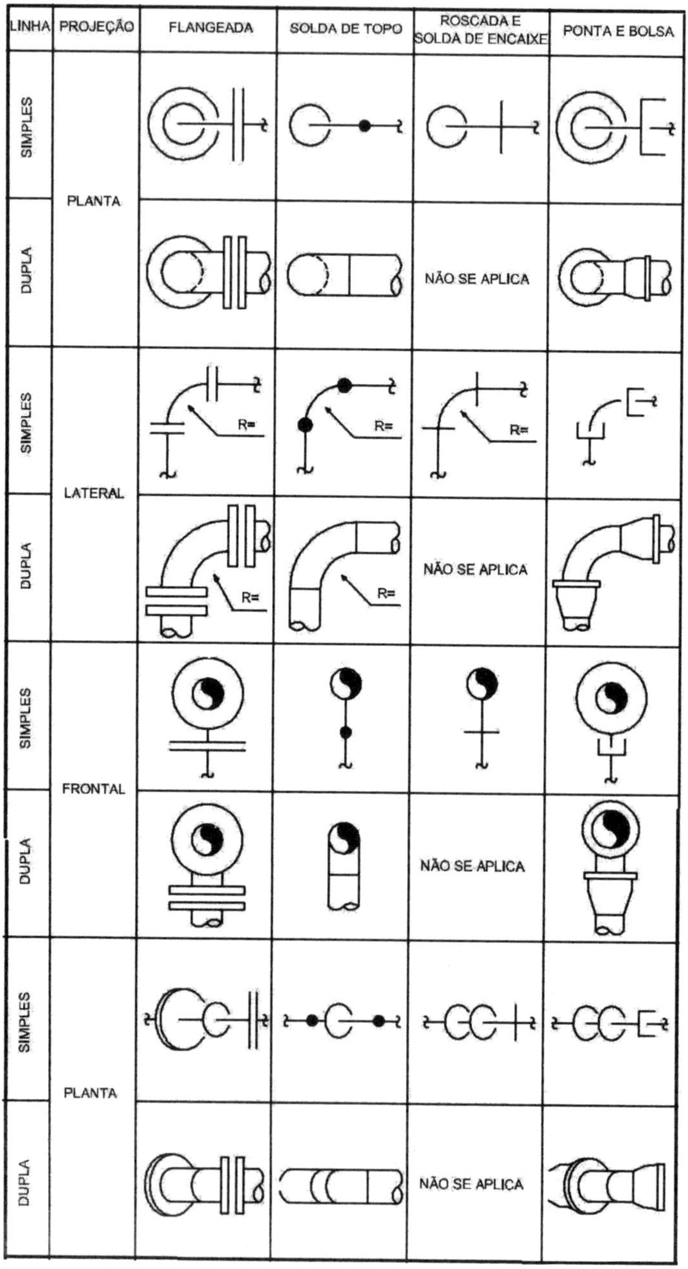

Joelho e Tê em Projeção (continuação)

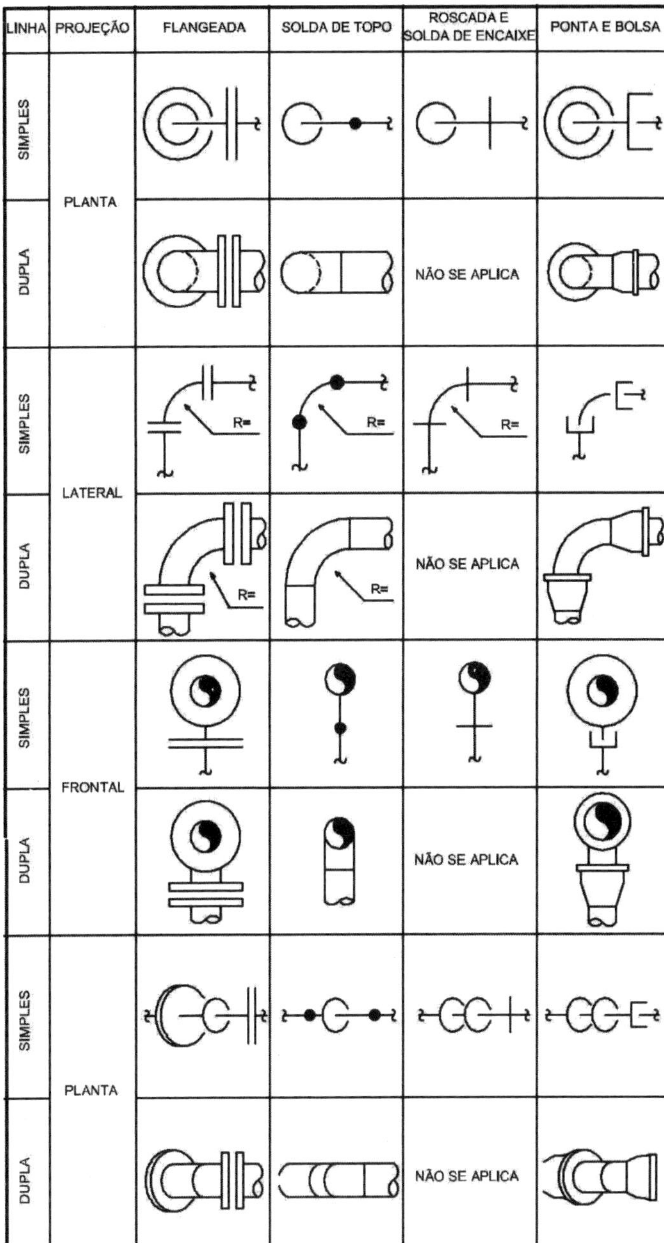

Conexões Tê e Y em Projeção

TIPO	LINHA	PROJEÇÃO	FLANGEADA	SOLDA DE TOPO	ROSCADA E SOLDA DE ENCAIXE	PONTA E BOLSA
TÊ	SIMPLES	FRONTAL				
	DUPLA				NÃO SE APLICA	
	SIMPLES	PLANTA		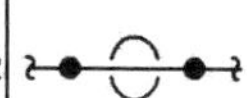	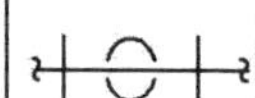	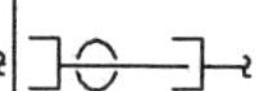
	DUPLA		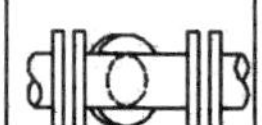	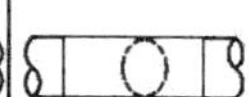	NÃO SE APLICA	
TÊ A 45°	SIMPLES	LATERAL	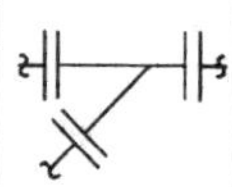		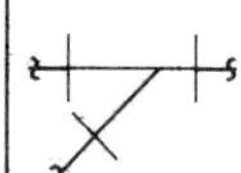	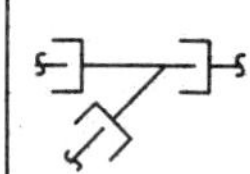
	DUPLA			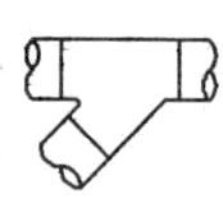	NÃO SE APLICA	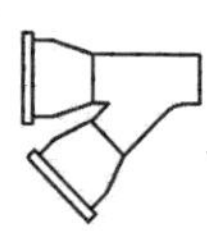
	SIMPLES	FRONTAL				
	DUPLA				NÃO SE APLICA	

Mudanças de Direção em Projeção

		Solda Topo	Rosqueada	Flangeada	Ponta e Bolsa
PARA CIMA ou PARA BAIXO A 90°	planta	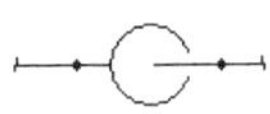	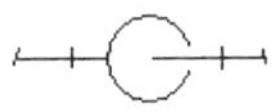	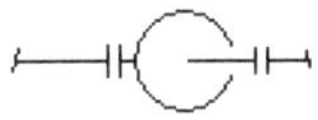	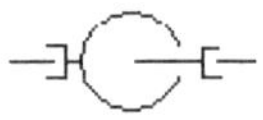
	elevação	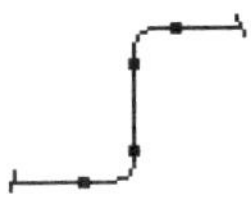	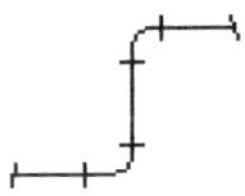	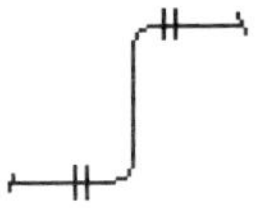	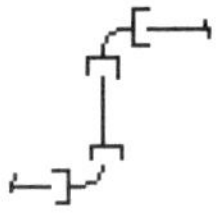
	lateral		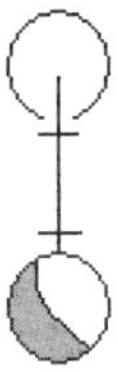		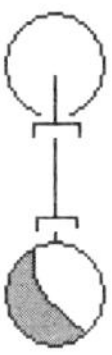
PARA CIMA A 45°	planta	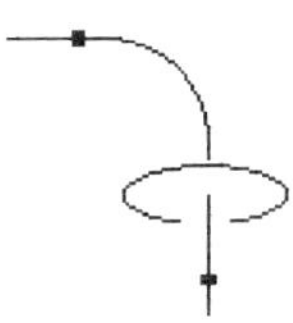	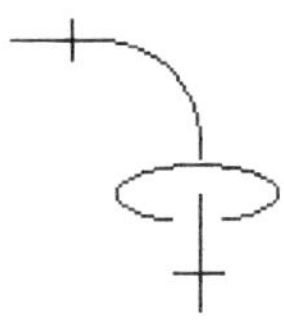	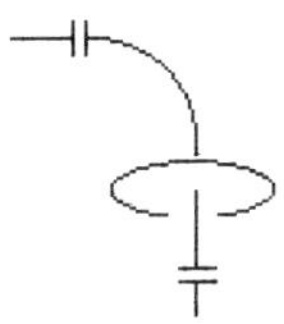	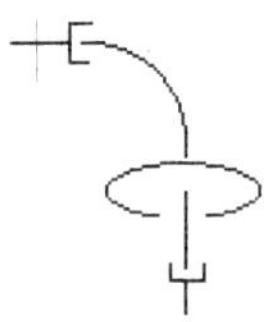
	elevação	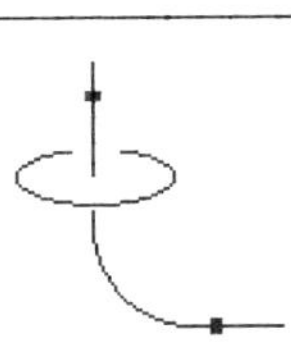	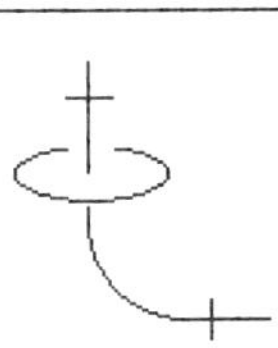	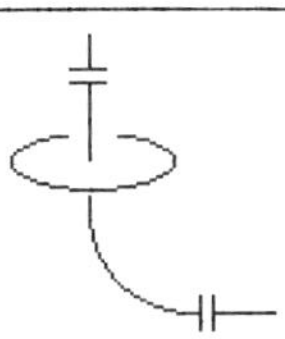	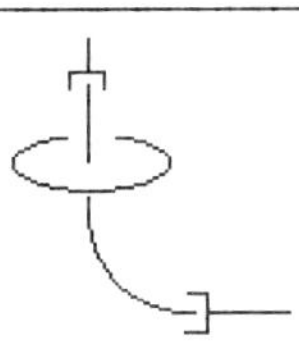
	lateral	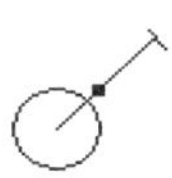	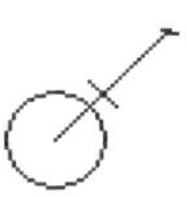	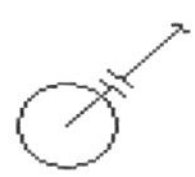	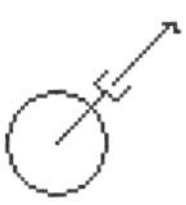

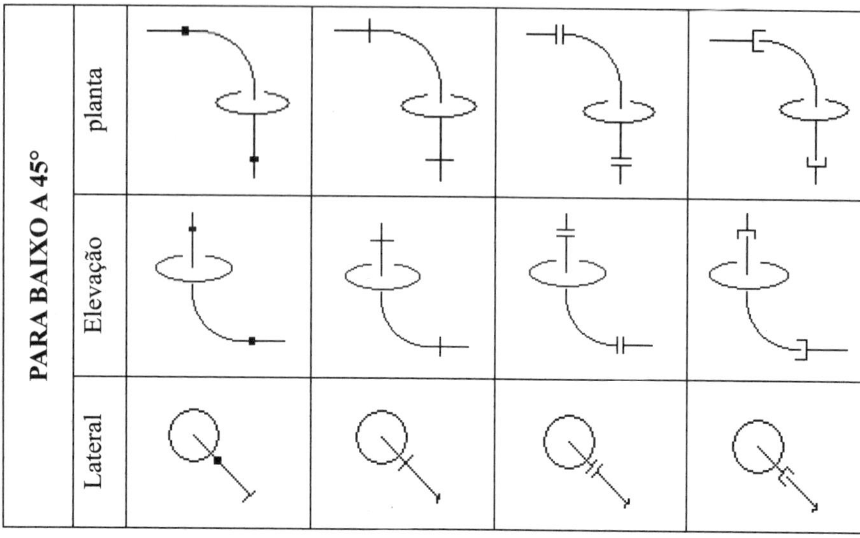

Conexões em Projeção

Tipo	Linha	Projeção	Flangeada	Solda de topo	Roscado e solda de encaixe	Ponta e bolsa
Anel de Reforço	Simples	Lateral	Não se aplica	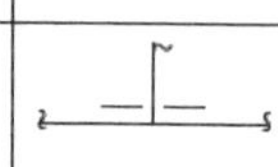	Não se aplica	Não se aplica
	Dupla			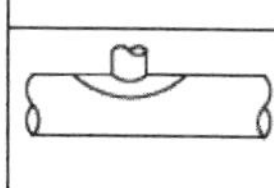		
Luva	Simples	Planta e lateral	Não se aplica	Não se aplica	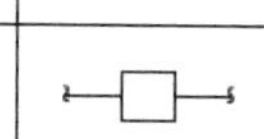	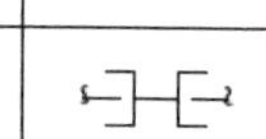
	Dupla		Não se aplica	Não se aplica	Não se aplica	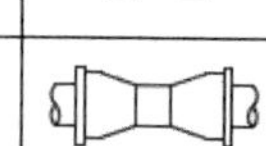
Meia-luva	Simples		Não se aplica	Não se aplica	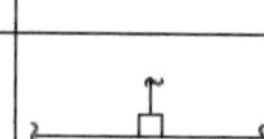	Não se aplica
	Dupla		Não se aplica	Não se aplica	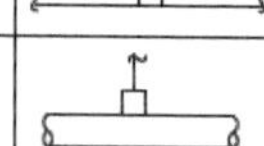	Não se aplica
Reduções Concêntrica	Simples	Planta e lateral	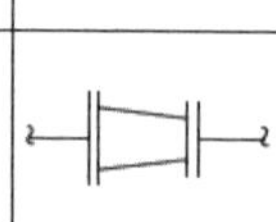	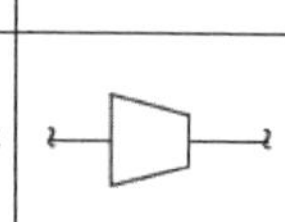	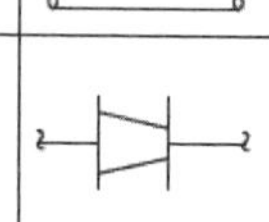	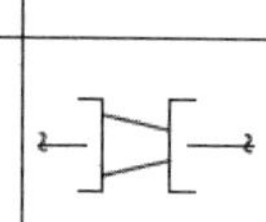
	Dupla		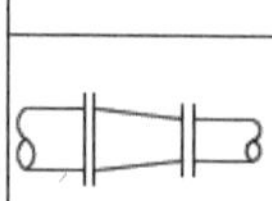	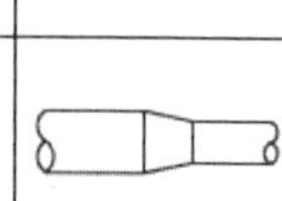	Não se aplica	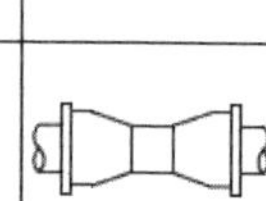

Acessórios Flangeados em Projeção

TIPO	LINHA SIMPLES	LINHA DUPLA
FIGURA 8	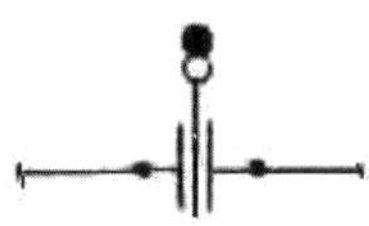	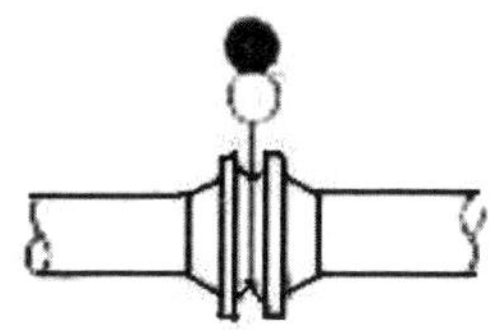
RAQUETE		
VÁLVULA CEGA GIRATÓRIA	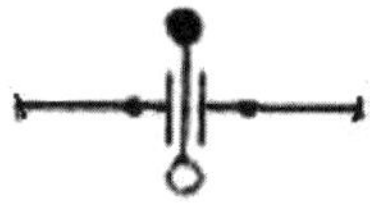	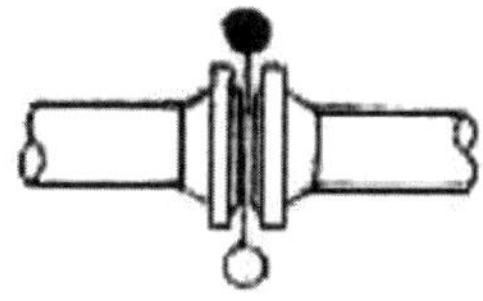
VÁLVULA CEGA CORREDIÇA	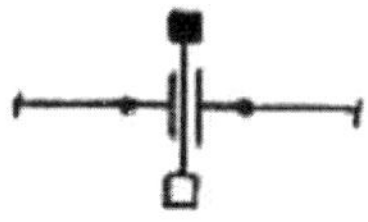	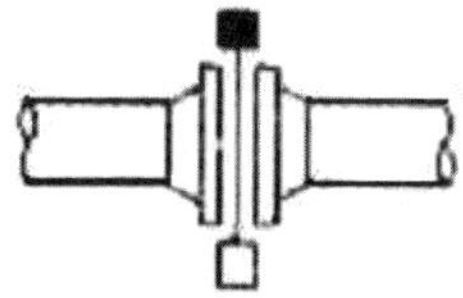

Válvulas em Projeção

Tipo	Projeção	Flangeada	Solda de Topo	Roscada e Solda de Encaixe
GAVETA	Planta			
	Lateral	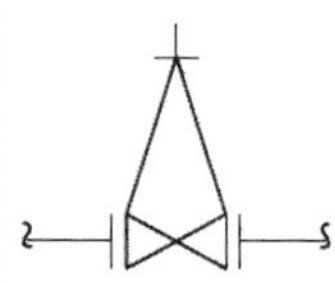	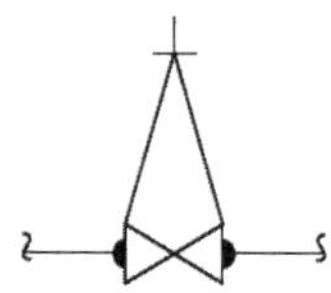	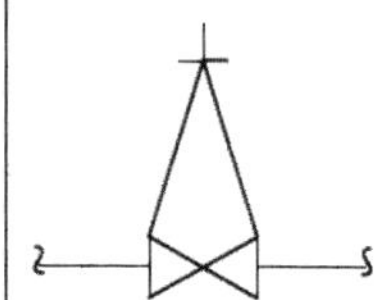
	Frontal			
GLOBO	Planta			
	Lateral	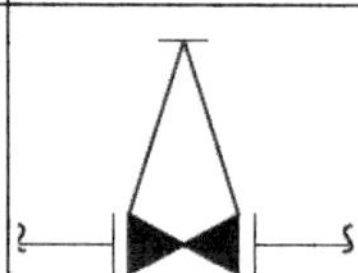	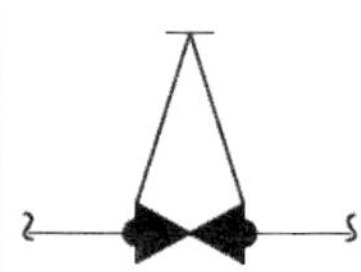	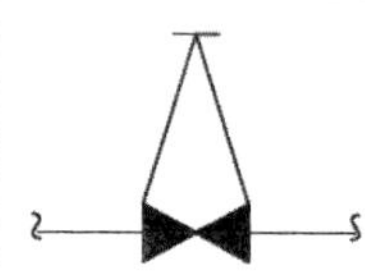
	Frontal			

<table>
<tr><td rowspan="3">MACHO</td><td>Planta</td><td>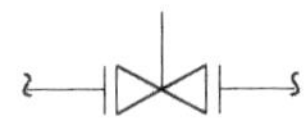</td><td>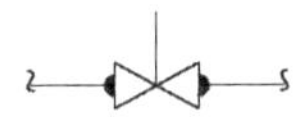</td><td>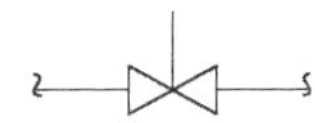</td></tr>
<tr><td>Lateral</td><td></td><td>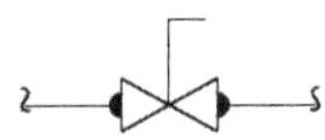</td><td>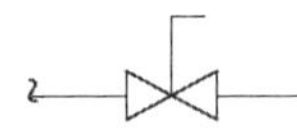</td></tr>
<tr><td>Frontal</td><td colspan="3">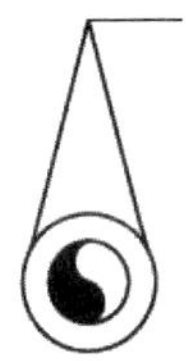</td></tr>
</table>

Válvulas em Projeção (continuação)

<table>
<tr><th>Tipo</th><th>Projeção</th><th>Flangeada</th><th>Solda de Topo</th><th>Roscada e
Solda de Encaixe</th></tr>
<tr><td rowspan="3">MACHO COM ENGRENA GEM</td><td>Planta</td><td>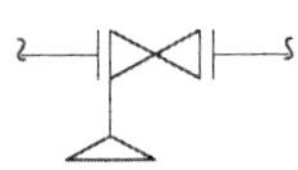</td><td>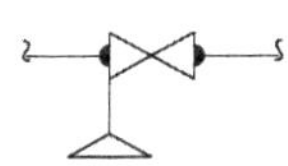</td><td>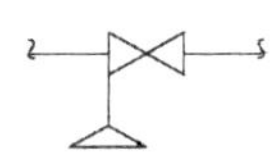</td></tr>
<tr><td>Lateral</td><td>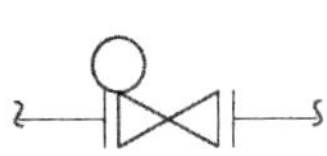</td><td>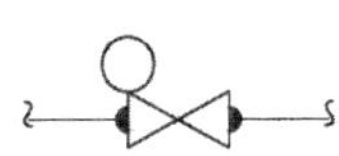</td><td>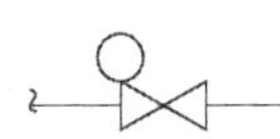</td></tr>
<tr><td>Frontal</td><td colspan="3">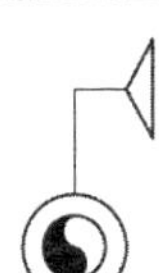</td></tr>
<tr><td rowspan="2">BORBOLETA</td><td>Planta e lateral</td><td></td><td></td><td></td></tr>
<tr><td>Frontal</td><td colspan="3"> Identificar, exemplo: Válvula borboleta - 6" - 150 FF</td></tr>
</table>

VÁLVULA ESFERA	Planta e lateral			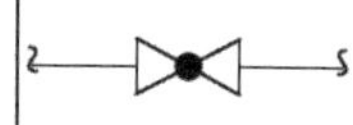
	Frontal	 Identicar, exemplo: válvula esfera - 4" - 600 FR		
VÁLVULA DE FECHO RÁPIDO	Planta			
	Lateral	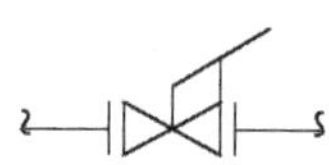	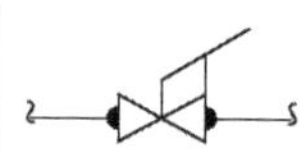	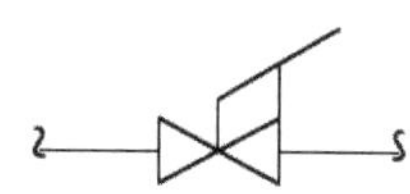
	Frontal			

Válvulas em Projeção (continuação)

Tipo	Projeção	Flangeada	Solda de Topo	Roscada e Solda de Encaixe
RETENÇÃO	Planta E lateral	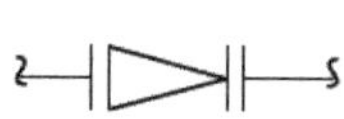	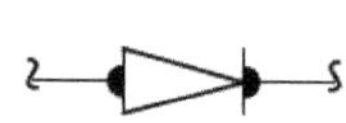	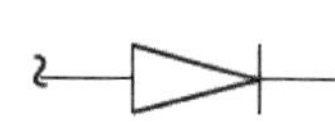
	Frontal	 Identificar, exemplo: Válvula retenção - 8" - 300 FR		
BLOQUEIO E RETENÇÃO	Planta e lateral			
	Frontal	Válv. Bloqueio e Retenção: 10" FP		

VÁLVULA SEGURANÇA E ALÍVIO	Planta		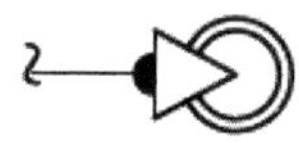	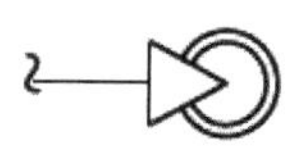
	lateral	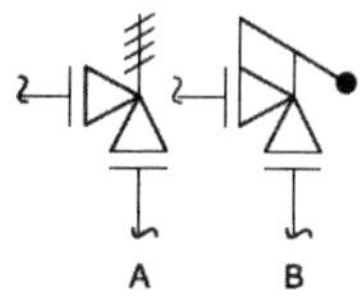	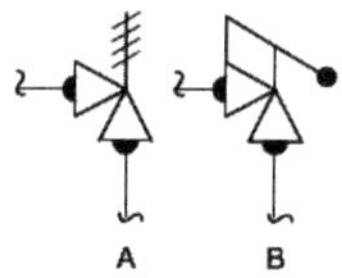	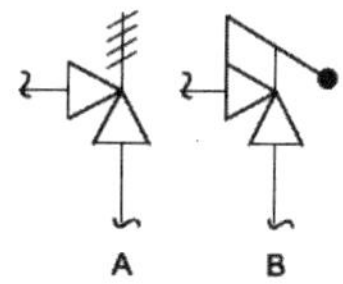
	Frontal	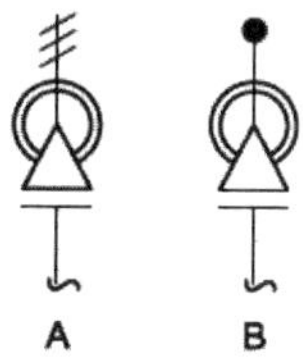	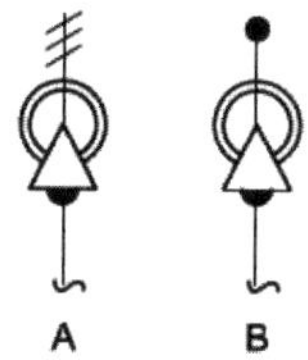	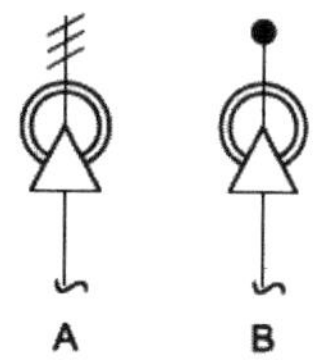
VÁLVULA DE 3 VIAS	Planta	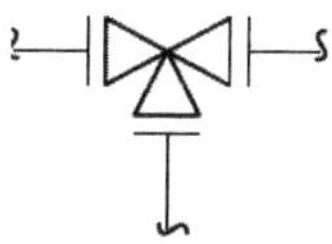	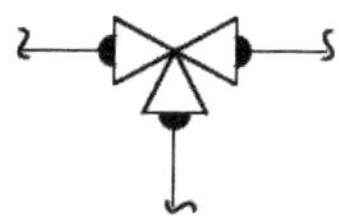	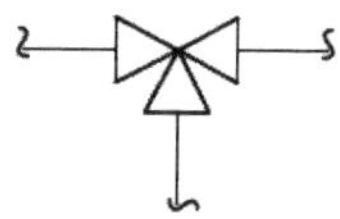
	Lateral			
	Frontal		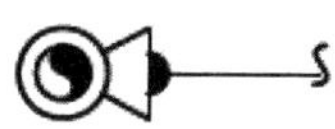	

Válvulas em Projeção (continuação)

<table>
<tr><th>Tipo</th><th>Projeção</th><th>Flangeada</th><th>Solda de Topo</th><th>Roscada e Solda de Encaixe</th></tr>
<tr><td rowspan="3">VÁLVULA ANGULAR</td><td>Planta</td><td></td><td>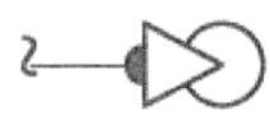</td><td>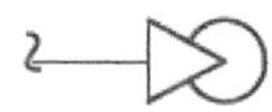</td></tr>
<tr><td>Lateral</td><td>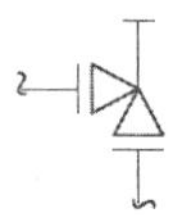</td><td>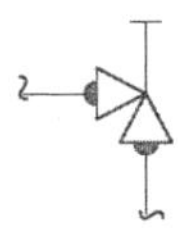</td><td>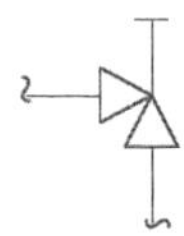</td></tr>
<tr><td>Frontal</td><td></td><td></td><td></td></tr>
<tr><td rowspan="2">VÁLVULA AGULHA</td><td>Planta e lateral</td><td></td><td>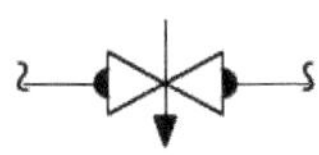</td><td>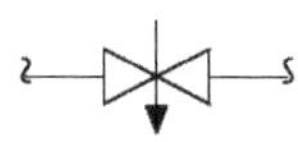</td></tr>
<tr><td>Frontal</td><td colspan="3"></td></tr>
<tr><td rowspan="3">VÁLVULA DIAFRAGMA</td><td>Planta</td><td></td><td>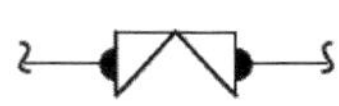</td><td>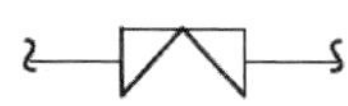</td></tr>
<tr><td>lateral</td><td>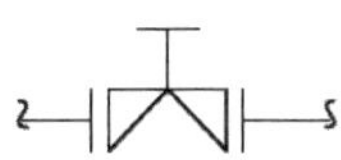</td><td>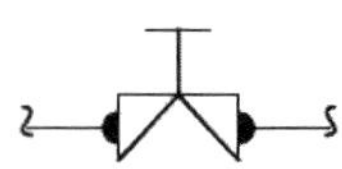</td><td>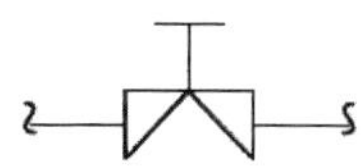</td></tr>
<tr><td>Frontal</td><td colspan="3"> Identificar, exemplo:
Válvula diafragma - 3" - 300 FP</td></tr>
</table>

VÁLVULA DE 4 VIAS	Planta	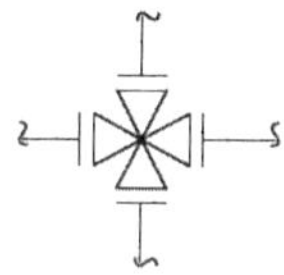	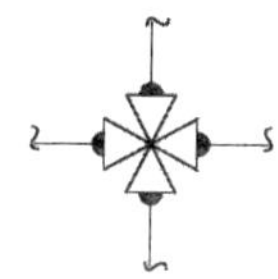	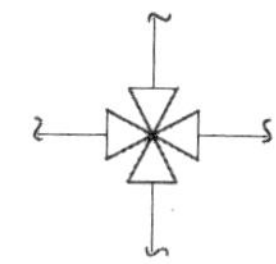
	Late-ral			
	Frontal			

Válvulas em Projeção (continuação)

Tipo	Projeção	Flangeada	Solda de Topo	Roscada e Solda de Encaixe
VÁLVULA MACHO DUPLA SEDE	Planta		Não se aplica	Não se aplica
	Lateral	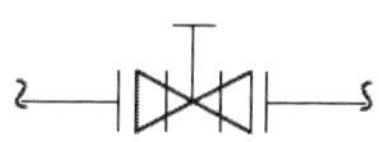	Não se aplica	Não se aplica
	Frontal		Não se aplica	Não se aplica

<table>
<tr><td rowspan="2">VÁLVULA DE PÉ OU DE FUNDO COM FILTRO</td><td>Planta</td><td colspan="3"> Identificar, exemplo: Válvula pé ou de fundo com filtro - 2"</td></tr>
<tr><td>Frontal e lateral</td><td>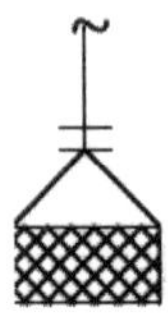</td><td></td><td></td></tr>
<tr><td rowspan="3">VÁLVULA COM COMANDO DE BÓIA</td><td>Planta</td><td></td><td>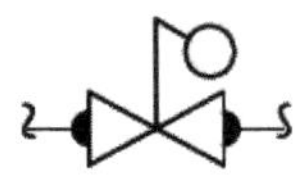</td><td></td></tr>
<tr><td>lateral</td><td></td><td>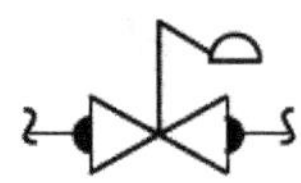</td><td>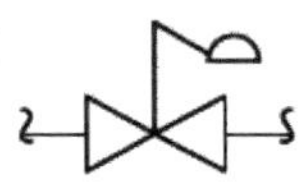</td></tr>
<tr><td>Frontal</td><td colspan="3"></td></tr>
</table>

Válvulas de Controle em Projeção

TIPO	SUB-TIPO	PJ	FLANGEADA	SOLDA-TOPO	ROSC - SOQUETE
CONTROLE	OPERADA POR ÊMBOLO	PLANTA	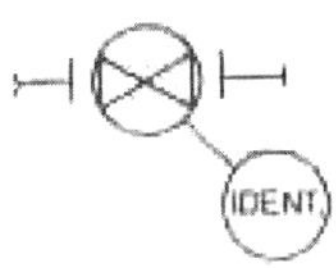	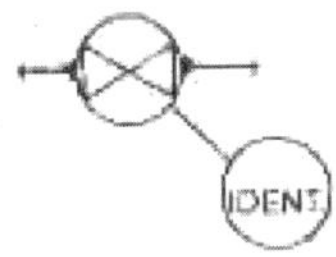	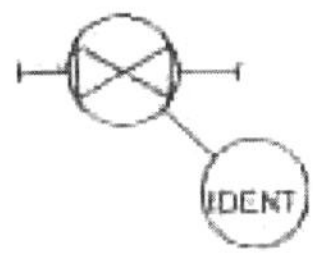
		ELEVAÇÃO	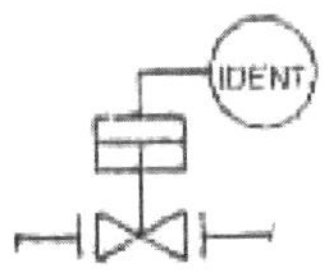	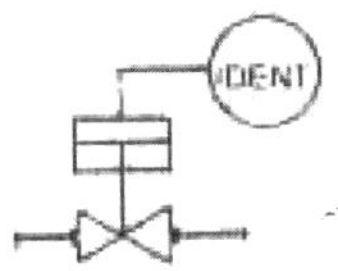	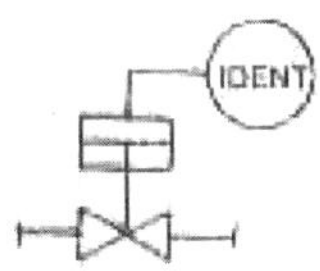
		LATERAL	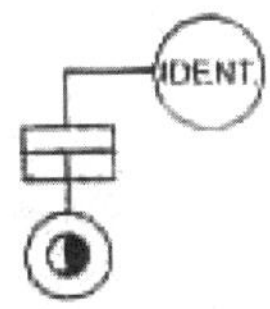		
	OPERADA ELETRICAMENTE M - MOTOR S - SOLENOIDE	PLANTA	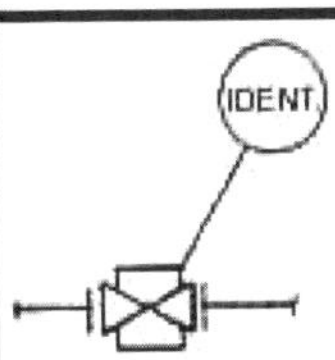	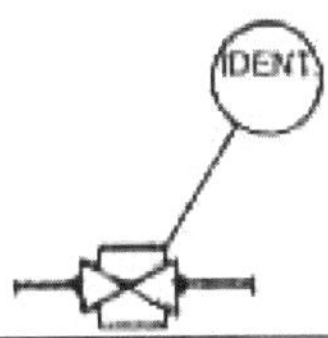	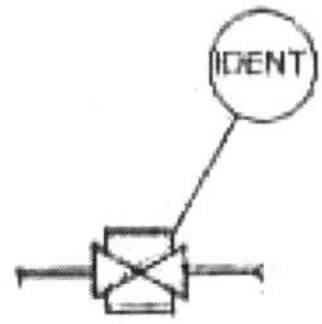
		ELEVAÇÃO	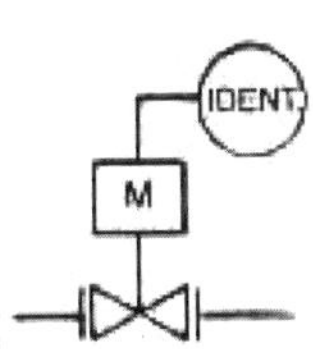	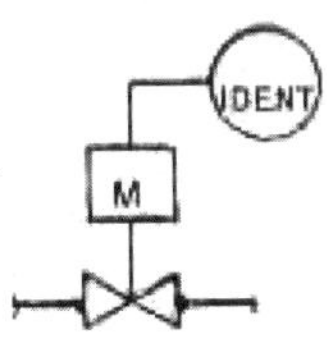	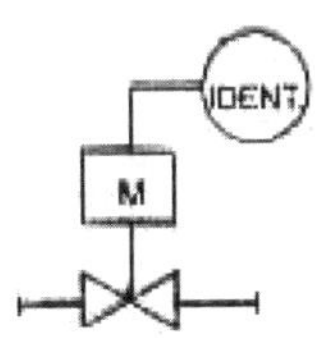
		LATERAL	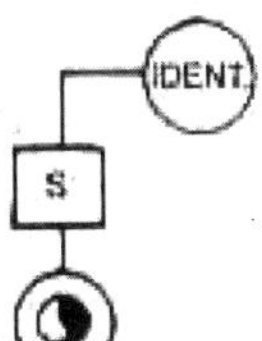		

Válvulas de Controle em Projeção (continuação)

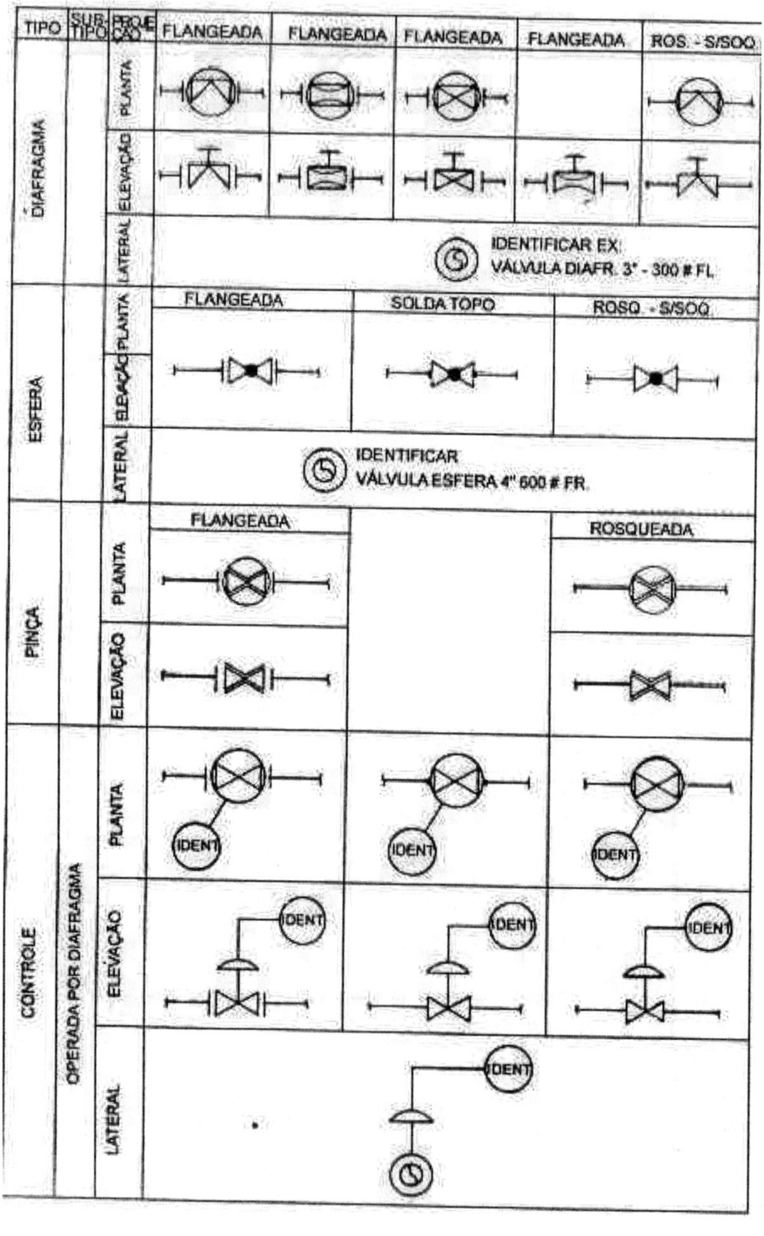

Suportes

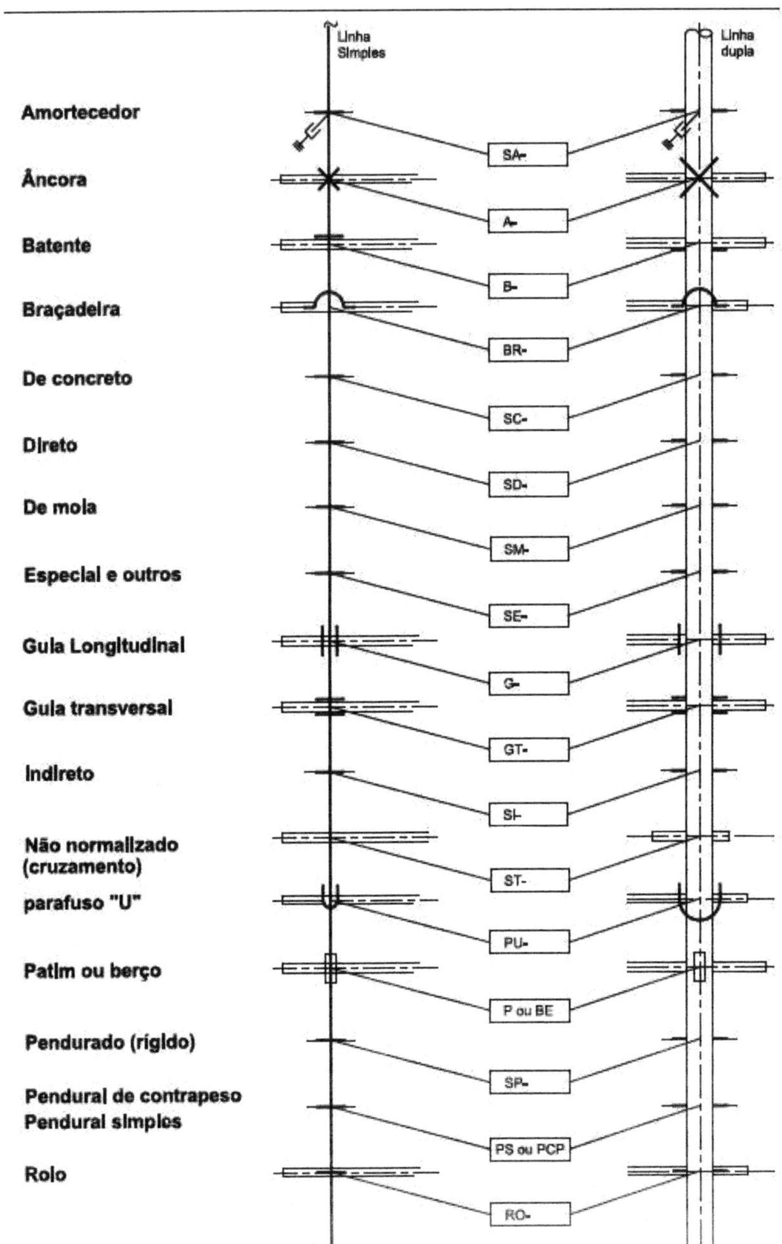
Linha Simples
Linha dupla
Amortecedor
SA-
Âncora
A-
Batente
B-
Braçadeira
BR-
De concreto
SC-
Direto
SD-
De mola
SM-
Especial e outros
SE-
Guia Longitudinal
G-
Guia transversal
GT-
Indireto
SI-
Não normalizado
(cruzamento)
ST-
parafuso "U"
PU-
Patim ou berço
P ou BE
Pendurado (rígido)
SP-
Pendural de contrapeso
Pendural simples
PS ou PCP
Rolo
RO-

Capítulo 17

Representação de Linhas

Os tubos de diâmetro até 12 polegadas (inclusive) são representados por um único traço, na posição da linha de centro e os tubos com diâmetro maior do que 12 polegadas, são representados por traços duplos, conforme a figura que segue.

O objetivo desta representação é dar uma melhor ideia da dimensão do tubo.

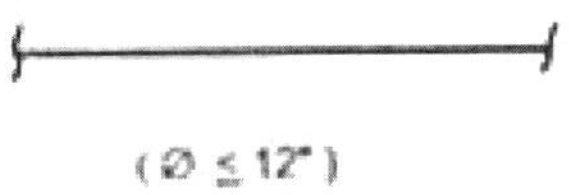

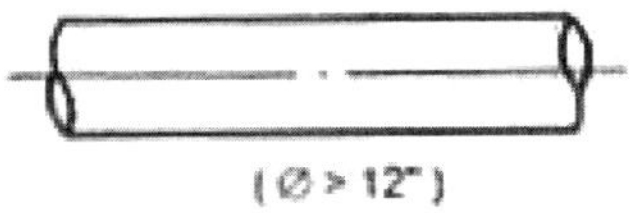

A circunferência interrompida representa a projeção de topo de tubo ou conexão, sendo que, a parte interrompida da circunferência equivale ao trecho encoberto pelo tubo que se sobrepõe.

Veja a figura a seguir.

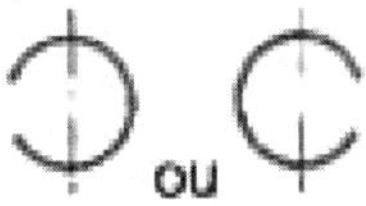

Exemplo de representação

Tubos DE ≤ 12 pol

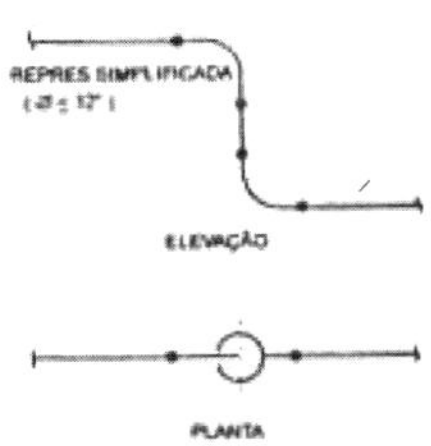

Tubos DE ≥ 14 pol

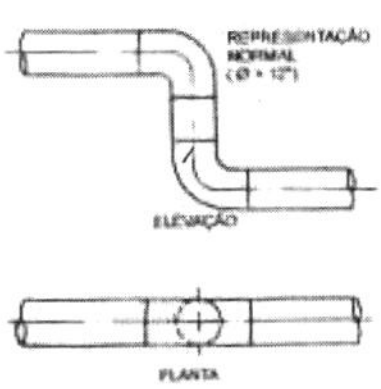

O símbolo representando duas meias-luas significa a projeção de topo de um tubo ou conexão encoberta por outro tubo que o sobrepõe.

Exemplo:

CD

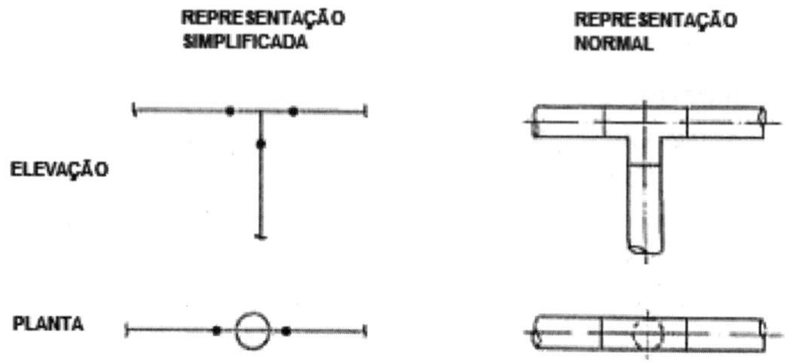

O símbolo  representa a projeção de topo de um tubo saindo do papel.

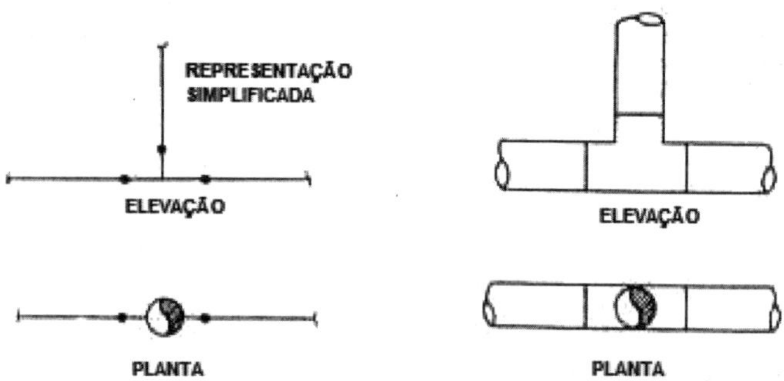

O símbolo representando uma circunferência interrompida em perspectiva (circunferência achatada) representa a projeção de parte de uma conexão ou de um tubo inclinado.

O lado da abertura indica a inclinação.

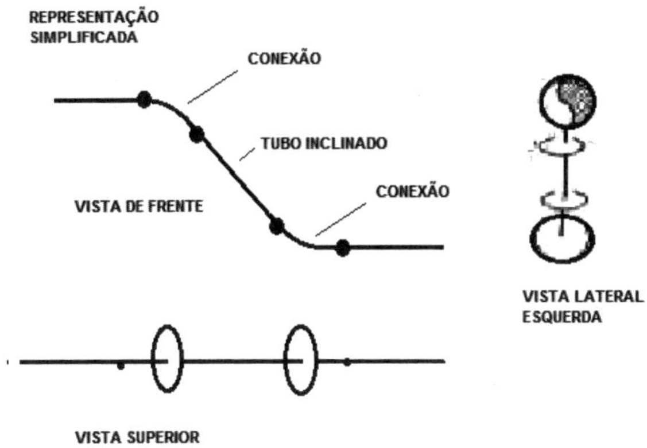

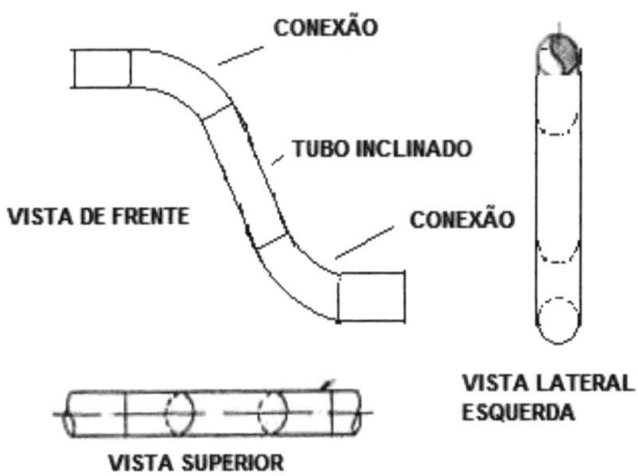

Outra representação importante, é a representação de linhas superpostas. Esta configuração é muito comum em uma instalação, pois, podem compartilhar um mesmo espaço estando em elevações diferentes.

Para representar esta configuração, utiliza-se do recurso de interromper a linha superior para mostrar a linha imediatamente abaixo.

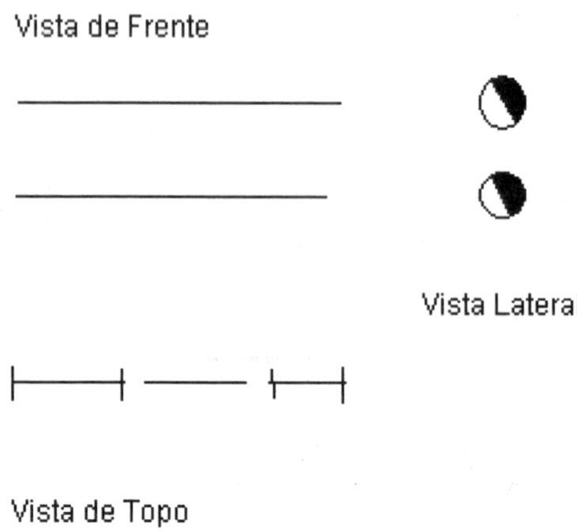

Observações sobre os tipos de conexões.

As conexões executadas com solda de encaixe, isto é, tipo soquete, podem assumir as seguintes representações.

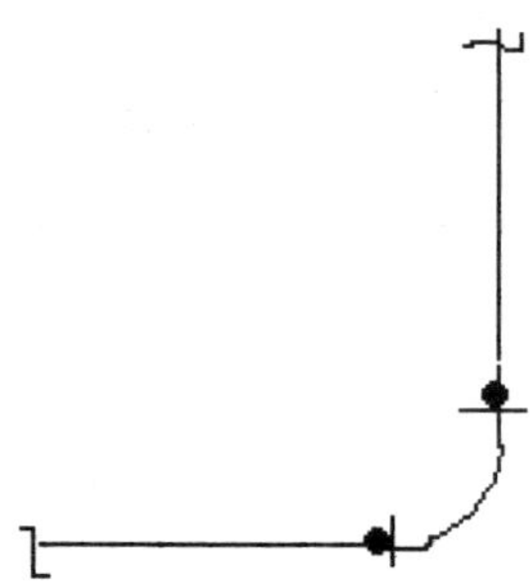

Conexão T e derivações soldadas

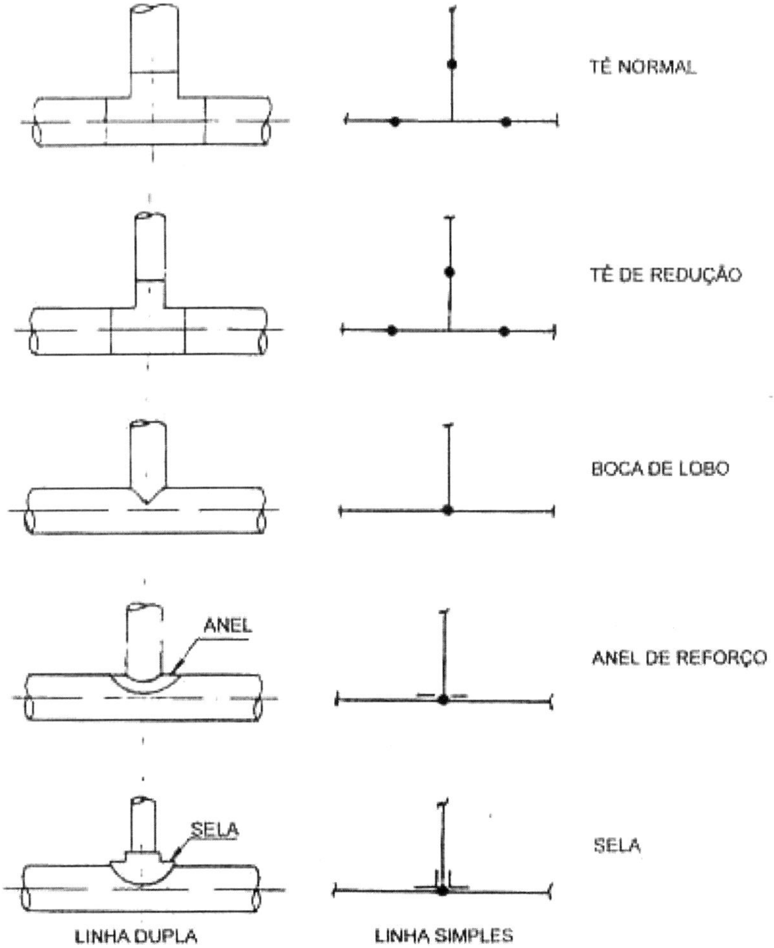
TÊ NORMAL
TÊ DE REDUÇÃO
BOCA DE LOBO
ANEL
ANEL DE REFORÇO
SELA
SELA
LINHA DUPLA
LINHA SIMPLES

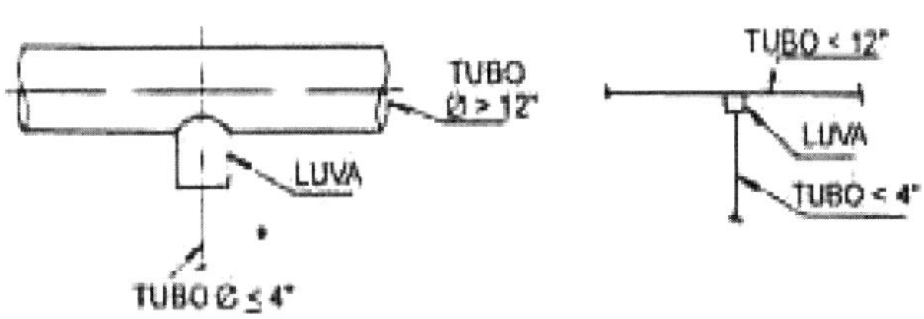
TUBO
Ø > 12"
LUVA
TUBO Ø ≤ 4"
TUBO < 12"
LUVA
TUBO < 4"

Capítulo 18

Tubos Poliméricos

A busca por soluções alternativas para o escoamento terrestre de hidrocarbonetos em geral – TUBOS DE CONDUÇÃO, tem levado a indústria a desenvolver novos materiais, que possam proporcionar custos menores de instalação e operação, em especial, em locais onde uma tubulação convencional promove grande impacto ambiental.

Sob esta perspectiva, o desenvolvimento de Tubos Flexíveis Reforçados (RTP) tem se mostrado como uma solução técnica e economicamente viável em países como Estados Unidos e Canadá.

No Brasil, esta tecnologia ainda é pouco utilizada, devido a alguns fatores estruturais, tais como, o fato de termos uma indústria pouco desenvolvida e um mercado demandante também incipiente.

Estes Tubos Flexíveis Reforçados, são produzidos em multicamadas, em faixa de diâmetro de ½" até 8", apresentando as seguintes vantagens:

- Processo de instalação ágil, flexível e simples.
- Menor custo de instalação e manutenção;
- Longos trechos sem emenda (riscos ao meio ambiente reduzido);
- Maior vida útil.

Desta forma, dentro deste cenário tecnológico, estes tubos se enquadram perfeitamente na categoria de tubos de Produção (*Tubings*), substituindo colunas de produção fabricadas em aço, fazendo desta solução, uma importante alternativa na exploração de poços terrestres, trazendo redução nos custos operacionais.

A Rota Polimérica

Os tubos flexíveis reforçados (RTP) são desenvolvidos segundo as normas API 15S ou API 17J, a depender do material que será utilizado como reforço.

No caso da API 15 S são utilizados reforços não metálicos (fibras de vidro, de carbono, de aramida, etc.). Já os tubos com armadura metálica seguem a norma API 17J.

Os tubos poliméricos, são fornecidos em bobinas, que a depender do diâmetro, podem conter até 2000 metros de material rebobinável. Eles são compostos de 3 camadas básicas, a saber: interna, estrutural e externa.

A camada interna é de polímero, cuja principal função é a de atuar como barreira química. Deve ser especificado de tal forma, que haja compatibilidade química com o fluido de processo. Esta camada pode ser subdividida para acrescentar alguma característica física ao tubo dependendo das necessidades de operação.

A segunda camada, cuja principal função é ser estrutural, pois, confere resistência mecânica do tubo, tanto para cargas aplicadas durante a operação quanto para as cargas de instalação. Conforme dito acima, a depender da norma aplicável, o tipo de reforço muda. Consiste basicamente de uma malha de fibras (pode ter mais de uma camada) ou fitas de aço arranjadas para garantir a resistência do tubo.

A terceira camada, é externa e tem a função de proteger a camada estrutural de intempéries e de possíveis danos durante a instalação e operação.

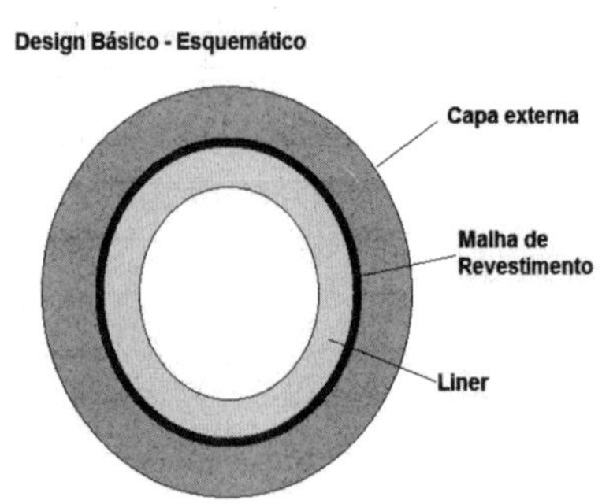

A escolha do tipo de reforço estrutural vem das características de cada aplicação. A tabela abaixo compara algumas características em relação ao tipo de reforço do tubo.

Propriedades	Aramida	Aço	Fibra de Vidro
Resistência	Alta	Média	Alta
Carregamento Cíclico	Excelente	Excelente	Pobre
Ambiente aquoso	Excelente	Bom	Pobre
CO_2 / H_2S	Bom	Pobre	Bom
Impacto (rápido)	Bom	Bom	Pobre

Estes tubos são fornecidos em bobinas, o que reduz custo com o manuseio e transporte de grande volume de tubulação.

Em cada extremidade de cada tubo, é instalado um conector metálico, atendendo aos requisitos da norma ASME B 16.5. O processo de instalação do conector é feito por intermédio de prensagem, onde cada fabricante desenvolveu o seu próprio método e ferramental adequado.

Estas ferramentas são facilmente transportadas para realização do serviço no campo.

Aplicação

O *Liner* por estar em contato com o fluido a ser transportado, atua como barreira química, também. Esta característica de atuar como barreira química, possibilita a sua aplicação nos mais diferentes tipos de serviços.

Esta tecnologia tem 2 grandes aplicações na indústria de óleo e gás, sendo a primeira relacionada ao escoamento da produção de campos terrestres, e a segunda, sendo utilizado como Tubing na produção de poços terrestres.

Estes tubos também têm grande aplicação em situações em que a resistência à corrosão é elevada, e onde há dificuldade na logística para a instalação de grandes extensões de tubulação, como em terrenos alagados, áreas de mata ou floresta.

O fornecimento em bobinas, permite a redução do número de conexões e consequentemente mão de obra de instalação, soldagem e inspeção.

Esta característica se aplica nos cenários de produção antecipada de poços exploratórios terrestres e produção de poços intermitentes onde não tem tubulação para escoamento da produção.

Os tubos RTPs podem ser lançados diretamente sobre o solo, enterrados em valas com 1,5 metros de profundidade e em áreas alagadas.

Características Técnicas

Os tubos RTP são disponibilizados na faixa de diâmetro de ½" até 8", com pressões máximas de projeto de 300 a 3000 psi.

Recomendações de Manutenção e Inspeção

Os fabricantes indicam pouca necessidade de manutenção durante a vida útil da tubulação.

Entretanto, algumas recomendações mínimas devem ser seguidas, a saber:

MANUSEIO – Não utilizar cabos de aço para manuseio e nem ferramentas que possam danificar a capa.

INSPEÇÃO – Algumas orientações sobre inspeção.

- Inspeção visual da capa e conectores a cada 5 anos;
- Sempre que houver um erro operacional, o qual leve a pressão do tubo a alcançar 110 % da pressão máxima de operação;
- Sempre que houver movimento involuntário do tubo ou carregamento anormal;
- Sempre que houver qualquer condição de operação fora das especificadas;
- Sempre que o tubo for rebobinado e armazenado para futura reutilização.

Capítulo 19

Traçagem

A traçagem ou risco é uma etapa do processo de produção em Caldeiraria e na produção de Spools muito importante.

É uma técnica utilizada para a marcação de bocais em um costado de um vaso de pressão, para a marcação de boca-de-lobo ou derivações em tubulação.

Ela representa a projeção da peça ou tubo na chapa ou tubo em que se desenvolverá o trabalho. Para tal, é necessário desenvolver algumas técnicas básicas para a obtenção de uma boa traçagem ou risco.

O profissional que trabalha como Caldeireiro ou Montador, frequentemente, se vê envolvido com risco ou marcação de peças na chapa ou tubo.

Este profissional deve ter como ferramentas básicas um riscador, um punção, uma caixa de giz, um martelo, uma régua de aço inox graduada, um esquadro de caldeireiro, um compasso, uma trena aferida, um prumo, um conjunto composto de linha e tintura de alvaiade, um nível de bolha e deve ter competência para utilizar nível ótico e em algumas situações saber utilizar o teodolito.

Divisão de um segmento de reta em 2 partes

Seja o segmento de reta AB. Para a divisão deste segmento em duas partes iguais, fazem-se as seguintes operações:

Posicionando a ponta seca do compasso em A e com abertura pouco maior do que a metade do segmento, traça-se um arco que corte o segmento AB.

Aproveitando-se a mesma abertura de arco, coloca-se a ponta seca do compasso no ponto B e traça-se novo arco.

O lugar geométrico em que os arcos se cruzam, define os pontos 1 e 2.

Agora, então, use os pontos 1 e 2, gerando uma reta perpendicular ao segmento AB, reta (r) e o ponto em que a reta (r) corta o segmento AB é o ponto M, que é definido como ponto médio.

Assim, o segmento AM ≡ MB, que são os segmentos médios de AB, conforme mostrado na figura que segue.

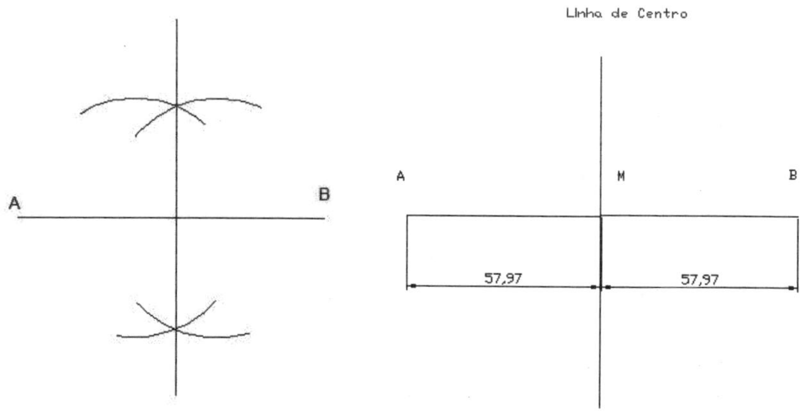

Ilustração 12-Divisão de uma semi-reta em 2 segmentos

Divisão de um segmento em 5 partes iguais

Dado o segmento de reta AB, traçamos uma reta auxiliar (t) qualquer, passando por uma das extremidades, neste caso, pelo ponto A.

Em seguida, abre-se o compasso com uma abertura qualquer, por exemplo, 2 cm e, a partir do ponto A, replicamos esta abertura ao longo da reta auxiliar (t), obtendo-se os pontos 1,2,3,4 e 5.

No próximo passo, une-se os pontos 5 **e B, traçando o segmento de reta 5B.** Com a utilização do par de esquadros, traça-se retas paralelas ao segmento 5B, passando pelos pontos 4,3,2 e 1.

Os pontos que cortam o segmento AB, determinam a sua divisão em partes iguais.

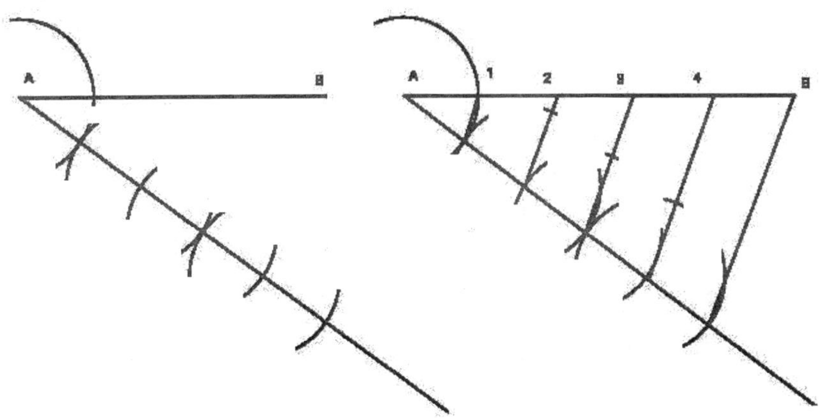

Ilustração 13-Divisão de segmento em 5 partes

Determinação da bissetriz de um ângulo qualquer

Sejam duas retas (t) e (s), quaisquer, concorrentes no ponto O, que fazem um ângulo Â qualquer.

Com o compasso define-se uma abertura qualquer, por exemplo, 2 cm e a seguir traça-se o arco 12, com centro em O.

Então, com a ponta seca do compasso em 1 e com abertura maior do que a metade do segmento 12, traça-se um arco com origem em 1.

Aproveita-se a mesma abertura e com a ponta seca em 2, traça-se um arco com origem em 2.

O Lugar Geométrico onde os arcos se cruzam, define os pontos 3 e 4.

A seguir, unem-se os pontos 3 e 4, passando pelo ponto O, determinando, assim, a BISSETRIZ do ângulo Â.

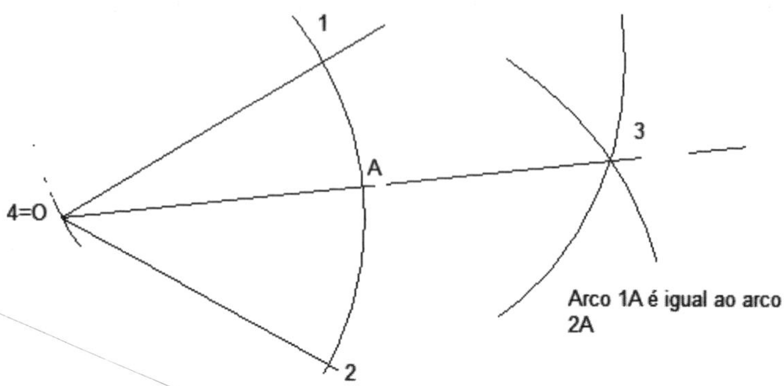

Ilustração 14-Bissetriz de um ângulo qualquer

Construção de um hexágono regular inscrito em um círculo de raio R

Para traçar um hexágono regular, inicia-se da seguinte forma:

Traçam-se duas retas auxiliares, retas (t) e (s), perpendiculares entre si.

Com a ponta seca do compasso posicionada na interseção das retas (s) e (t), traça-se o círculo de raio R.

Observa-se que o círculo corta as retas (s) e (t).

Assumindo o ponto de interseção do círculo com a reta horizontal, definem-se dois dos vértices do hexágono.

A este ponto, denomina-se de B e C.

A partir do ponto B e com a abertura do compasso igual a R (raio do círculo), traça-se um arco, que irá determinar os pontos 1 e 2.

Agora, a partir do ponto C, procedemos da mesma forma, isto é, com a abertura do compasso igual a R (raio de círculo), traça-se um arco e assim determinam-se os pontos 3 e 4.

Percebe-se que com os pontos B,C,1,2,3 e 4 são os vértices do HEXÁGONO, basta ligá-los.

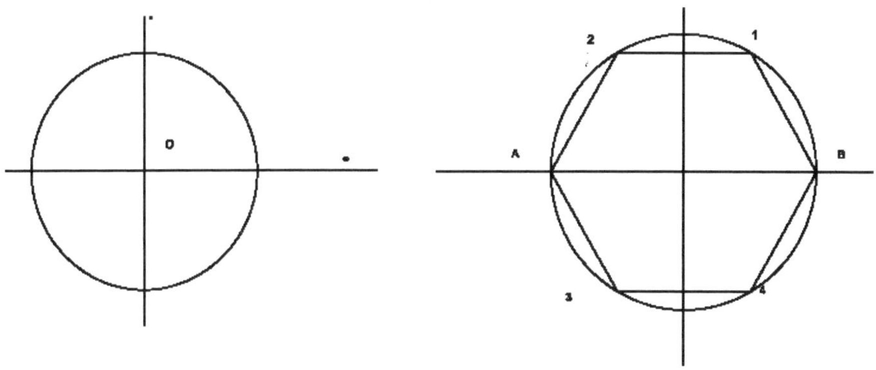

Ilustração 15-Hexágono regular inscrito no círculo

Construção de um pentágono regular, inscrito em um círculo de raio R

Traçam-se duas retas perpendiculares entre si, retas (h) – Horizontal e (v) – Vertical.

A partir do ponto de concorrência entre as retas (h) e (v), ponto O, traça-se o círculo de raio R. Ao traçar o círculo, determinam-se dois pontos, o ponto 1 e o ponto 2, que se situam nas retas (h) e (v), respectivamente.

Divide-se o raio do círculo ao meio, determinando o ponto M.

Coloca-se a ponta seca do compasso em M e com abertura M2 e traça-se o arco que corta a reta (h), determinando o ponto 3.

Coloca-se a ponta seca em 2 e abre-se o compasso com abertura igual ao segmento 23 e traça-se o arco que corta o círculo, determinando o ponto A, que é um dos vértices do PENTÁGONO.

Com a ponta seca do compasso em A e abertura igual a A2, determina-se o vértice D.

Com o compasso em 2 e com abertura igual a A2, determina-se o vértice C.

Com o compasso em C e com abertura igual a A2, determina-se o vértice E.

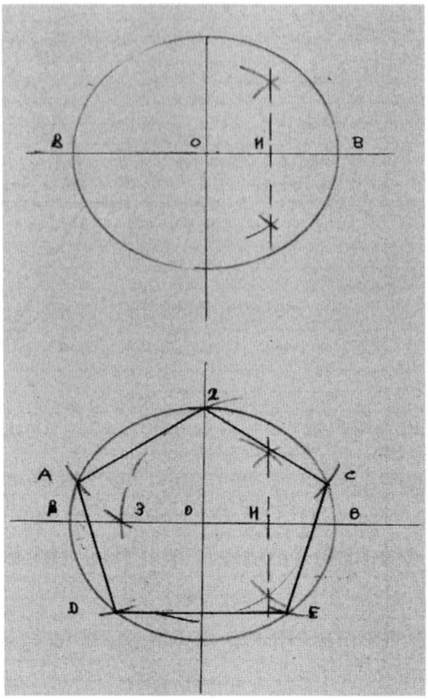

Ilustração 16-Pentágono Regular

Inscrever uma figura geométrica regular em um círculo – Método Geral

Para exemplificar o método, será utilizado o HEPTÁGONO (7 lados) regular, inscrito em um círculo de diâmetro AB.

Traça-se a circunferência de diâmetro AB. Em seguida traçam-se aos eixos vertical e horizontal, que passam pelo centro do círculo.

Os pontos em que o eixo horizontal corta o círculo determinam os pontos A e B.

Os pontos em que o eixo vertical corta o círculo, determinam os pontos 1 e C.

A seguir, traça-se uma reta auxiliar que forme um ângulo qualquer com o eixo vertical, dividindo esta reta em 7 partes iguais. Conforme instruído no processo para obtenção da divisão de um segmento e N partes iguais.

Com o auxílio do par de esquadros, une-se o ponto 7 ao ponto C e a partir deste segmento de reta 7C, traça-se retas paralelas que cruzem o eixo vertical, definindo os pontos 1,2,3,4,5 e 6.

O passo seguinte abre-se o compasso com a abertura igual à 1C, traça-se um arco com centro em C, que corte o eixo horizontal. Repete-se o procedimento, colocando o compasso em 1 e traça-se um arco que corte o eixo horizontal, determinando o ponto D.

Traça-se um segmento de reta que une os pontos D e 2 e que corte o círculo, determinando o ponto 2′.

Une-se os ponto 1 e 2′, que será a aresta do heptágono regular inscrito no círculo.

Abre-se o compasso com abertura igual a 12′ **e** traçam-se os pontos do lado do heptágono regular.

Para a obtenção do HEPTÁGONO, basta unir os pontos.

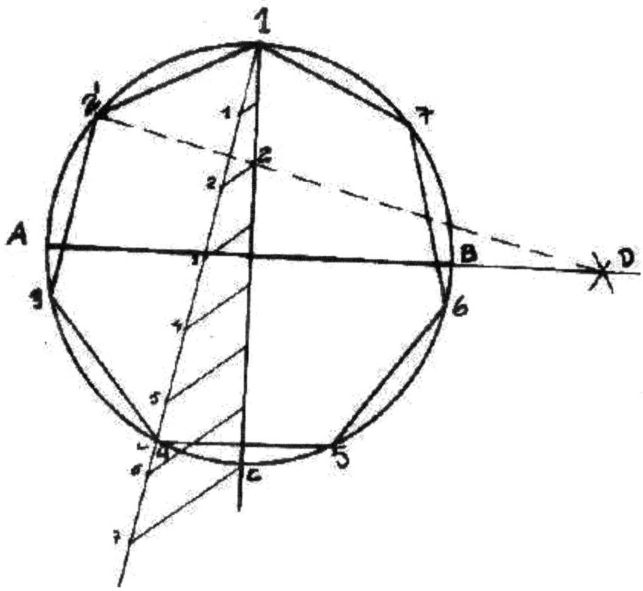

Ilustração 17- Heptágono regular inscrito no círculo

Construção de um círculo tangente a duas retas concorrentes

Sejam as retas (s) e (t) quaisquer e concorrentes entre si.
Para determinar um círculo tangente as duas retas adotam o seguinte procedimento:

Traçam-se duas retas auxiliares, paralela a (s) e paralela a (t), com a distância igual ao RAIO do círculo.

Ao prolongarem-se essas duas retas, determina-se o ponto O, ponto este, concorrente entre as duas retas e será a origem do círculo que tangenciará as duas retas.

A partir de O, traça-se uma reta perpendicular a (t) e a (s), que será igual ao raio do círculo.

Determinando-se assim o CÍRCULO tangente as duas retas.

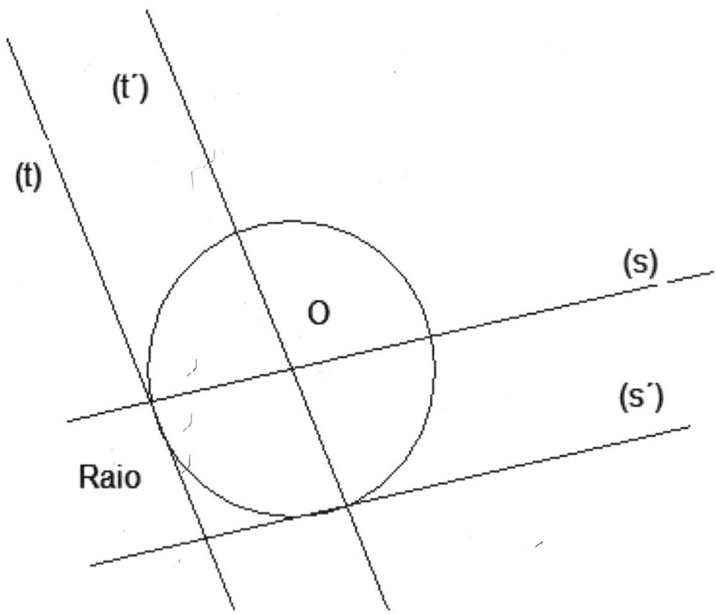

Ilustração 18 - Retas concorrentes

Interseção Cilíndrica

Traçagem de gabarito para confecção de recorte em tubos, com a finalidade de interligá-los.

Estas derivações são conhecidas como "UNHA", BOCA-DE-LOBO.

UNHA – Recorte de um tubo com uma inclinação qualquer. Muito utilizado na fabricação de CURVAS GOMADAS.

O processo que veremos a seguir, é o da confecção de um gabarito, geralmente feito em papelão hidráulico e que dependendo do diâmetro da tubulação, pode ser feito em verdadeira grandeza ou em escala.

Observe que o DIÂMETRO a ser utilizado nos nossos cálculos é o DIÂMETRO MÉDIO.

Na figura que segue, temos três vistas, a saber:

Vista de Frente – Tem-se o tubo e o detalhe da inclinação;
Vista Lateral – Tem-se o tubo desenvolvido, equivalente **à** 3,1416 * Diâmetro;
Vista Superior – Detalhe da boca do tubo, dividido a cada 30°.

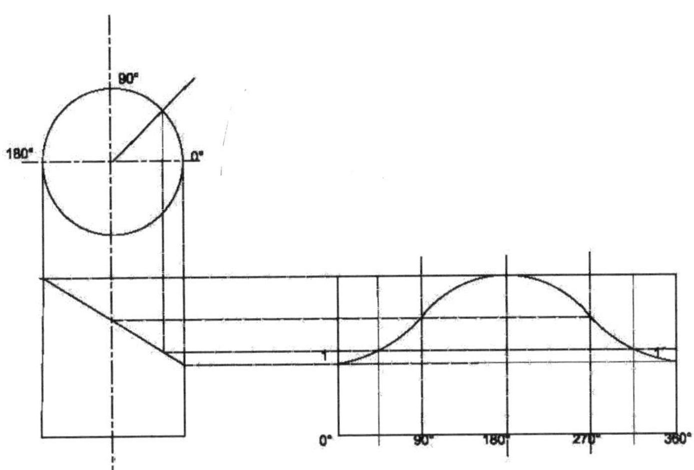

Ilustração 19 - Desenvolvimento de uma "unha"

Após a marcação dos pontos, une-se com a utilização de uma curva francesa.

Observa-se que a curvatura é SIMÉTRICA, por esta razão, só levantamos os pontos de 0° **à** 180°. Para os demais, basta replicar.

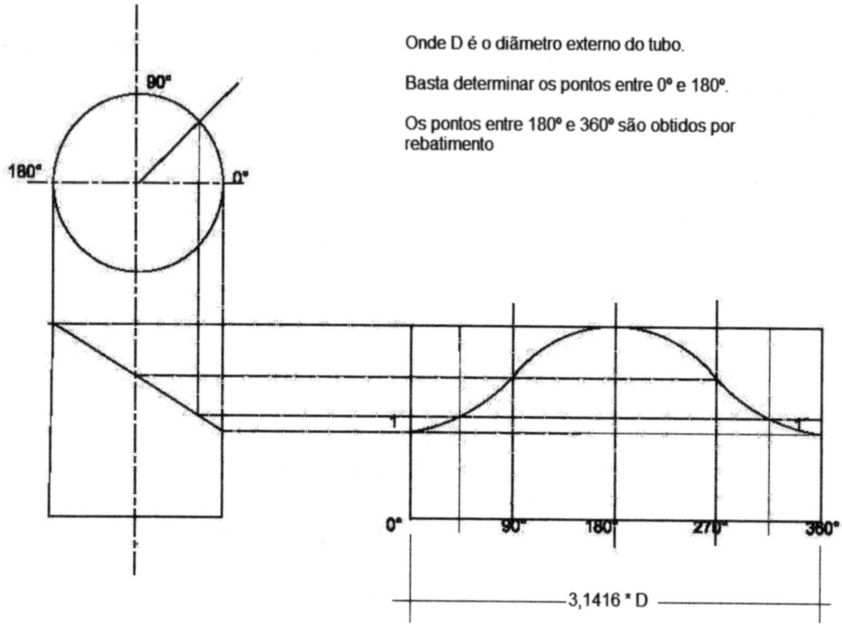

Ilustração 20 - Marcação de pontos no gabarito

Interseção entre dois tubos com diâmetros iguais (D1=D2) (D1 ≠ D2)

O processo se dá de forma análoga ao da UNHA.

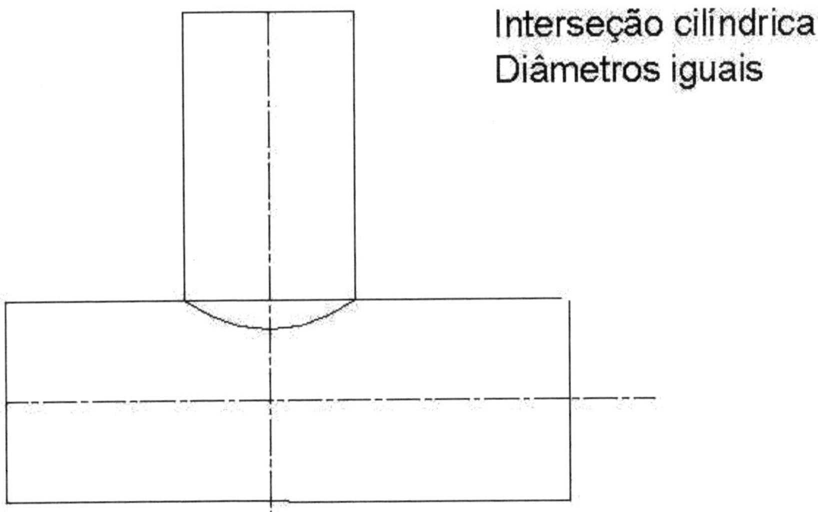

Ilustração 21 - Interseção com diâmetros iguais

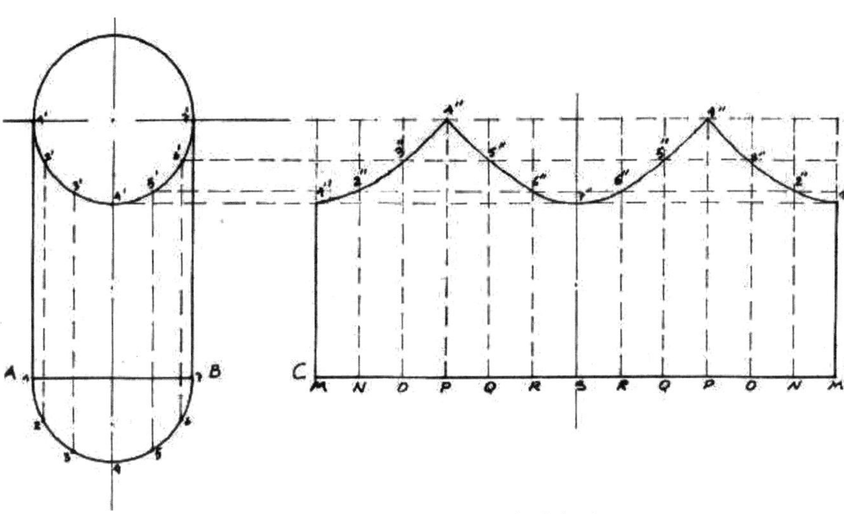

Ilustração 22 - Construção de Gabarito

Interseção entre dois tubos com diâmetros diferentes (D1 ≠ D2)

Usa-se o mesmo processo da confecção da UNHA. Traçam-se os dois tubos, conforme mostrado na ilustração abaixo.

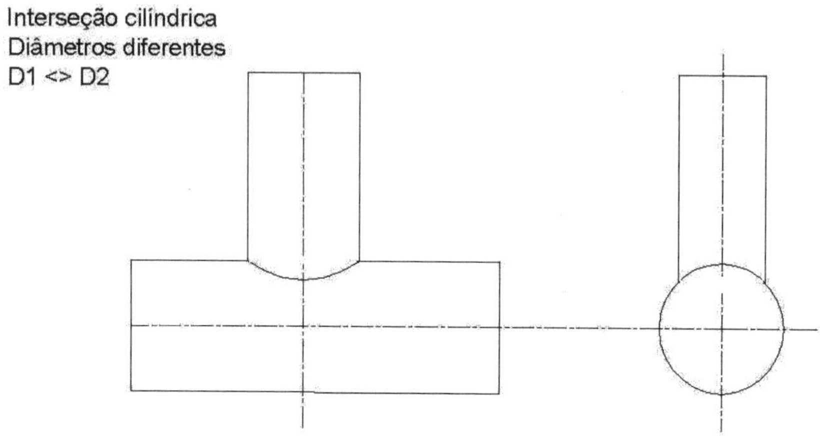

Ilustração 23 - Interseção cilíndrica - D1 diferente de D2

A seguir, acima do tubo que está na posição vertical, traça-se um círculo de diâmetro igual ao tubo que está na posição vertical, dividindo-o em 12 partes iguais.

Para a marcação do gabarito, desenha-se um retângulo, cujos lados equivalem ao perímetro e a altura do tubo menor, conforme ilustrado na figura abaixo.

Divide-se o retângulo no mesmo número de partes que se dividiu o círculo, isto é, em 12 partes, a seguir traçamos as retas perpendiculares conforme a figura.

Partindo das divisões do círculo até atingir a interseção entre os dois diâmetros, traça-se uma reta perpendicular que irá cortar o tubo planificado, determinando o ponto.

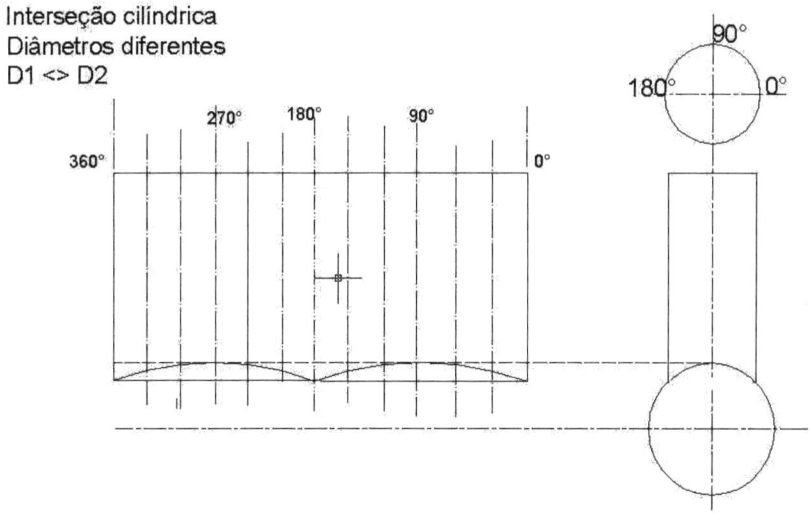

Ilustração 24 - Traçagem de gabarito - D1 é diferente de D2

Traçado do Tronco de Cone

Traça-se a vista de elevação ABCD. Na base maior traça-se o arco 1-9, o qual se divide em partes iguais 1-2-3-4-5-6-7-8-9.

Prolongam-se as linhas AC e BD de modo que se cruzem, marcando o vértice S.

Abre-se o compasso com medida igual a SA e traça-se o arco maior. Com mesmo centro e medida igual a SC, traça-se o arco menor. A seguir, com abertura de compasso igual a uma das divisões do arco 1-9, marcam-se a partir da linha de centro, metade para cada lado (1-2-3-4-5-6-7-8-9) no arco maior, determinando os pontos 9 e 9e. Liga-se o ponto 9 ao vértice S, marcando o ponto F no arco menor. Liga-se o ponto 9e ao vértice S, marcando o ponto G no arco menor, completando a figura.

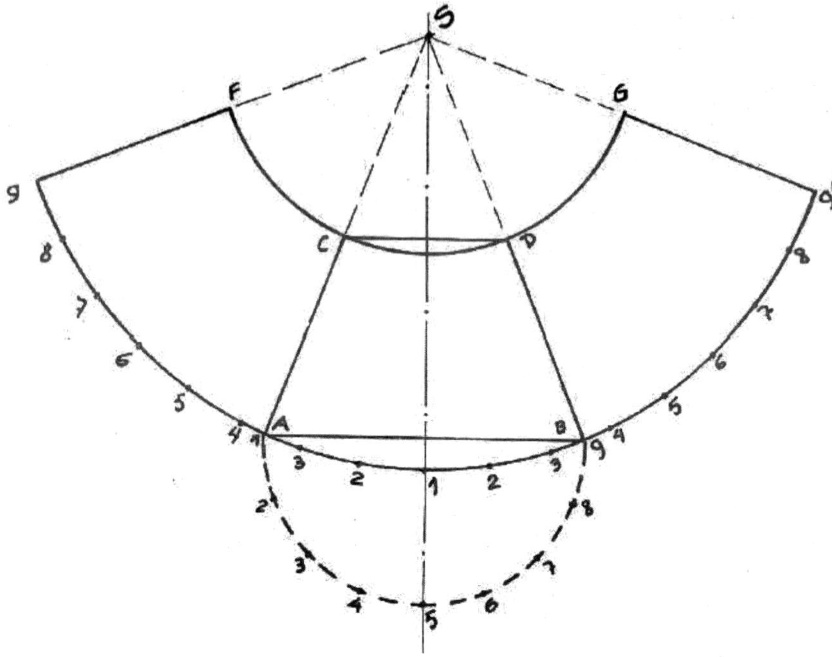

Ilustração 25 - Tronco de cone

Capítulo 20

Curvamento de Chapas e Tubos

O curvamento de chapas é um processo muito utilizado na fabricação mecânica e em especial na Caldeiraria.

Através do curvamento de chapas podemos fabricar tubos, meias-canas, setores circulares usados na fabricação de costados de tanques cilíndricos, dentre outras peças.

Para iniciarmos o nosso aprendizado, vamos calcular o perímetro de um círculo de diâmetro externo denominado **DE**.

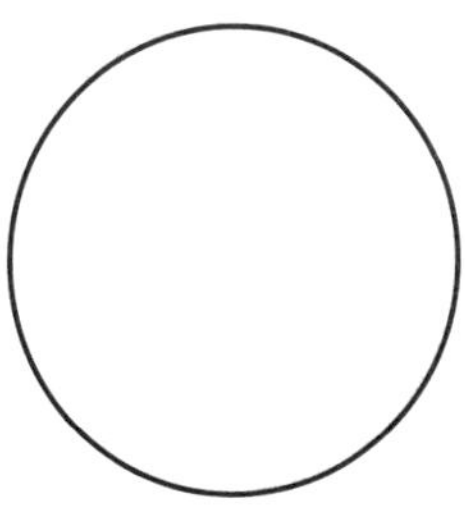

O perímetro, o qual chamaremos de **C**, será igual à :

C= 3,1416 * DE

Exemplo: Calcular o perímetro de um círculo de DE=100 mm

C= 3,1416 * DE

C = 3,1416 * 100

C = 314,16 mm este é o valor do perímetro.

Agora, que já sabemos calcular o perímetro de um círculo, vamos aprender a calcular o perímetro de um tubo.

Para o bom curvamento, devemos conhecer o cálculo do perímetro de um cilindro, vulgarmente conhecido como "tubo aberto".

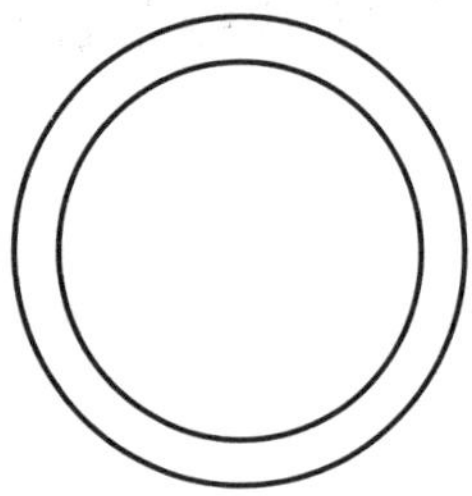

Seja o tubo de Diâmetro externo – DE e de diâmetro interno DI com espessura = E.

Antes de calcularmos o perímetro, devemos calcular o diâmetro médio, que é o lugar dos pontos pertencentes à linha neutra.

O diâmetro médio é calculado de três formas possíveis, dependendo das informações que dispomos. Então vamos aprender a calculá-lo.

Quando sabemos o DE e o DI (diâmetro externo e o diâmetro interno), temos:

$$DM = (DE + DI) / 2$$

Porém, se soubermos a espessura do tubo, o diâmetro médio será assim calculado:

$$DM = DI + E \quad \text{ou} \quad DM = DE - E$$

Então, agora vamos calcular o desenvolvimento de um tubo cilíndrico de DI=320 mm,

E = 3mm e Comprimento L = 1000 mm.

O perímetro do tubo será:

$C = 3,1416 * (DI + E)$

Logo, $C = 3,1416 * (320 + 3)$

$C = 3,1416 * 323$

$C = 1.333$ mm

Quando da construção de peças que não fecham o círculo, o cálculo do perímetro se dará da seguinte forma:

$$C = \frac{\pi * Dm * A}{360}$$

Onde A é o valor do ângulo em graus, Dm = Diâmetro médio

Exemplo: calcular o desenvolvimento da meia-cana abaixo:

Assumir o DE = 500 mm , E = 20 mm e o ângulo A = 180°

A fórmula para cálculo do perímetro é : $C = \frac{\pi * Dm * A}{360}$

Calculamos primeiro o Dm = 500 – 20 = 480 mm

Logo, C = (3,1416 * 480 * 180)/360

Onde C = 753,984 mm

Exemplo: Calcular o comprimento necessário para fabricar o tubo abaixo

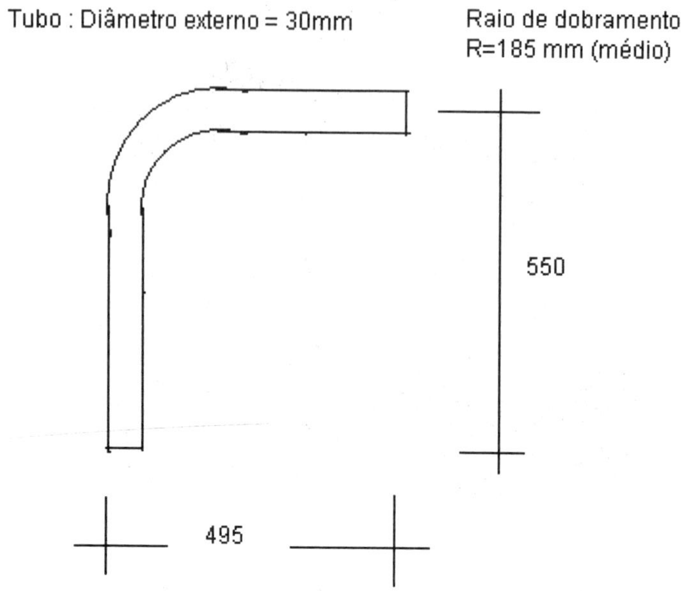

Observe que o trecho a ser fabricado é composto de dois trechos retos e um trecho curvilíneo.

LT = L1 + L2 +L90
L1 = É o trecho reto, determinado pela cota de 495 mm
L2 = É o trecho reto determinado pela cota de 550 mm
L90 = É o trecho curvo
L1 = 495 – 30 – 170 = 295 mm
L2 = 550 – 30/2 – 170 Logo L2 = 550-15-170 = 365 mm

$$L90 = \frac{90 * 3,1416 * (170 + 15)}{360}$$

L90= 145,30

LT = 805,30 mm

Capítulo 21

Curvas Gomadas

São fabricadas de trechos de tubos, traçadas por intermédio de gabaritos, cortadas a quente ou a frio e soldadas. Podem ter qualquer grau, mas costumam ser fabricadas em 90° ou 45°.

As curvas de 90° geralmente são constituídas de 3 gomos, algumas raras vezes, fabricadas em 4 gomos.

As curvas de 45°, geralmente são fabricadas em 2 gomos.

21.1 – Curva Gomada – 2 gomos

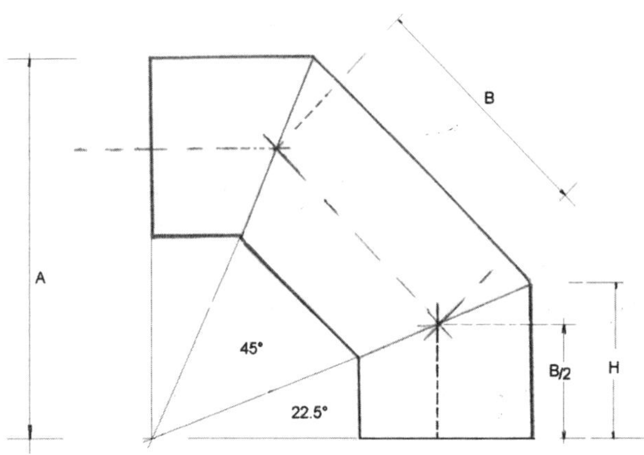

Ilustração 26 - Curva Gomada - 2 gomos

Devido a sua grande utilização em construções metálicas, algumas configurações podem ser tabeladas, conforme o diâmetro da tubulação que se esteja trabalhando.

14	48	73	103
16	54	84	117
18	62	95	132
20	68	105	146
24	82	127	176

Capítulo 22

Desenho Isométrico

O desenho isométrico é a forma pela qual representamos a nossa tubulação.

Dentre as informações mais importantes em um DESENHO ISOMÉTRICO, é a sua ORIENTAÇÃO, isto é, o NORTE.

Algumas empresas exigem que nos desenhos isométricos constem não só o NORTE magnético, mas também a direção do vento preferencial.

Esta informação se torna importante, pois, como poderemos construir uma tubulação se não sabemos para onde ela vai. Portanto, preste muita atenção ao analisar ou construir uma linha de tubulação.

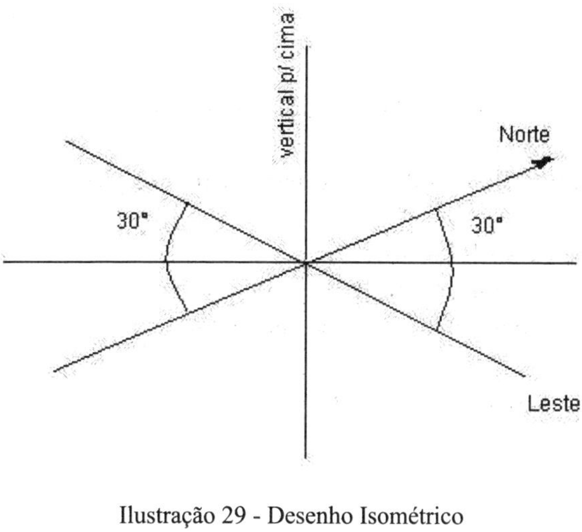

Ilustração 29 - Desenho Isométrico

Representação na mudança de elevação com inclinação.

As inclinações podem ser HORIZONTAIS, isto é, no mesmo plano, não havendo alteração da elevação da planta, VERTICAL, neste caso temos alteração na elevação da planta e ambas, isto é, temos uma inclinação na HORIZONTAL, conjugada com uma na VERTICAL.

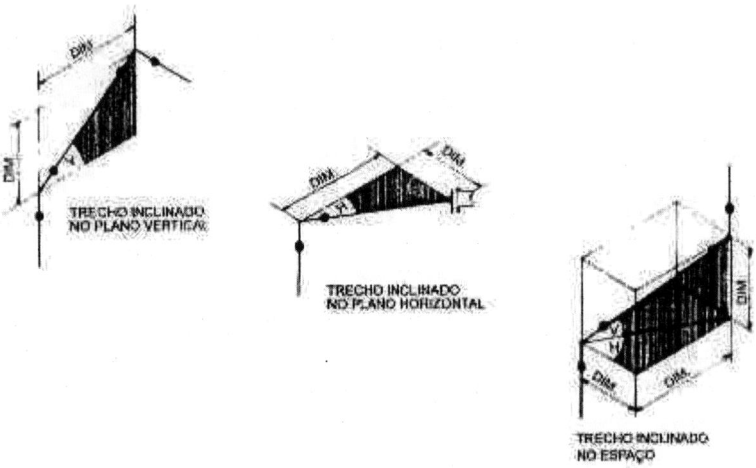

Ilustração 30 - Orientação em um isométrico

Aqui se podem perceber os diversos tipos de inclinação.

A primeira figura é VERTICAL.
A segunda figura é HORIZONTAL.
E a terceira uma combinação das duas anteriores.

Exemplo de um desenho isométrico

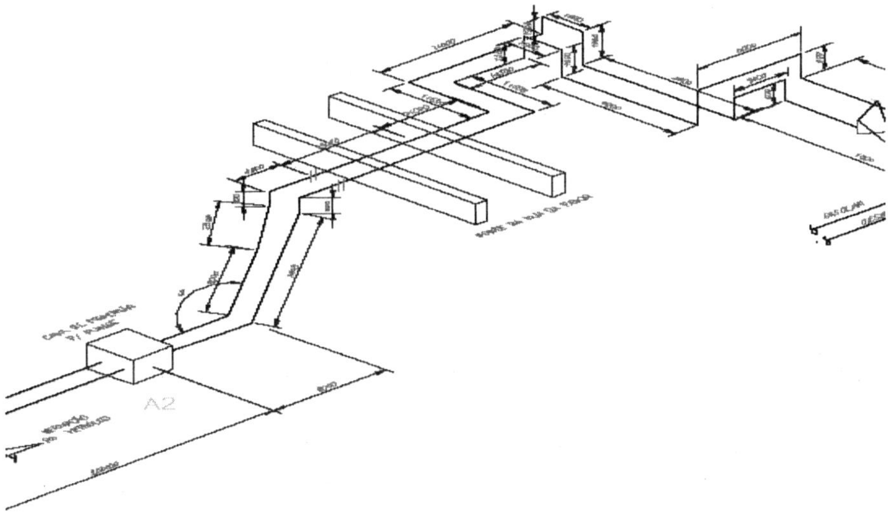

Ilustração 31 - Detalhe de um isométrico de uma tubulação

Capítulo 23

Convenções em Tubulação

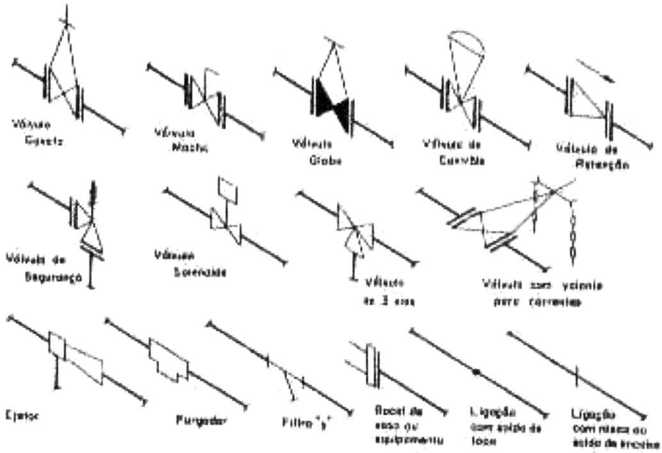

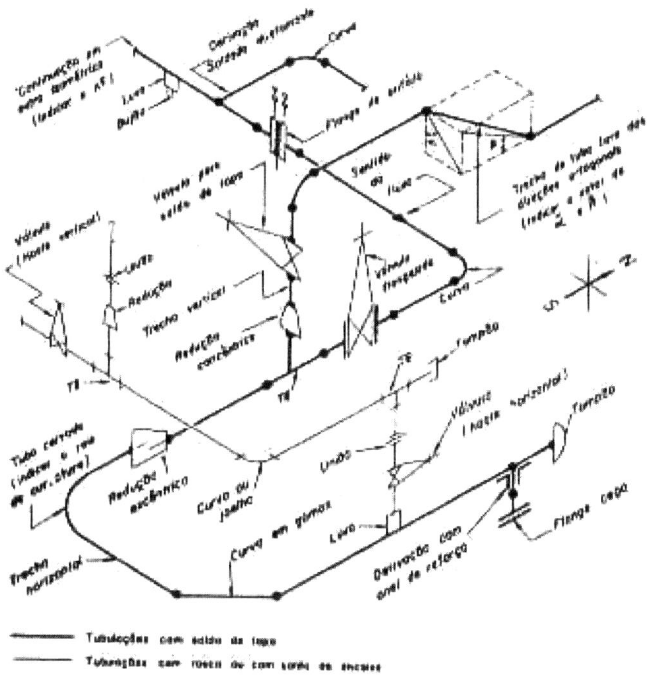

Fatores de Conversão e Tabelas

Para obter	Multiplicar	Fator
COMPRIMENTO		
milímetro (mm)	polegadas(pol)	25,400
metro (m)	pé(ft)	0,3048
metro (m)	jarda(jr)	0,9144
quilômetro (km)	milha	1,609
ÁREA		
milímetro^2 (mm^2)	polegada (pol^2)	645,2
centímetro^2 (cm^2)	polegada (pol^2)	6,450
metro^2 (m^2)	pé (ft^2)	0,0929
metro^2	jarda^2 (jr)	0,8361
VOLUME		
milímetro^3	polegada (pol^3)	16.387,00
centímetro^3	polegada (pol^3)	16,387
litro (l)	polegada (pol^3)	0,01639
litro (l)	galão (gal)	3,7854
metro^3 (m)	pé^3 (fl)	0,02832
MASSA		
Quilograma (kg)	libra (lb)	0,4536
FORÇA		
newton (N)	quilograma força (kgf)	9,807
newton (N)	libra (lb)	4,448
TORQUE		
newton.metro (N.m)	libra.polegada (lb.pol)	0,11298
quilograma força. centímetro(kgf.cm)	libra polegada (lb.pol)	1,152

newton.metro (N.m)	libra.pé (lb.pé)	1,3558
quilograma força.metro (kgf.m)	libra.pé (lb.pé)	0,13826
newton.metro (N.m)	quilograma força.metro	(kgf.m) 9,806
newton.metro (N.m)	quilograma.força centímetro (kgf.cm)	0,098
POTÊNCIA		
quilowatt (kw)	hp	0,746
quilowatt (kw)	cv	0,736
PRESSÃO		
quilograma/centímetro^2	libra/polegada^2 (lb;pol^2)	0,0703
quilopascal (kpa)	libra/polegada^2 (lb/pol^2)	6,896
quilopascal (Kpa)	quilograma/centímetro^2 (kg/pol^2)	98,1
bar (bar)	libra/polegada^2 (ib/pol^2)	0,069
bar (bar)	quilograma/centímetro^2 (kg/cm^2)	0,981

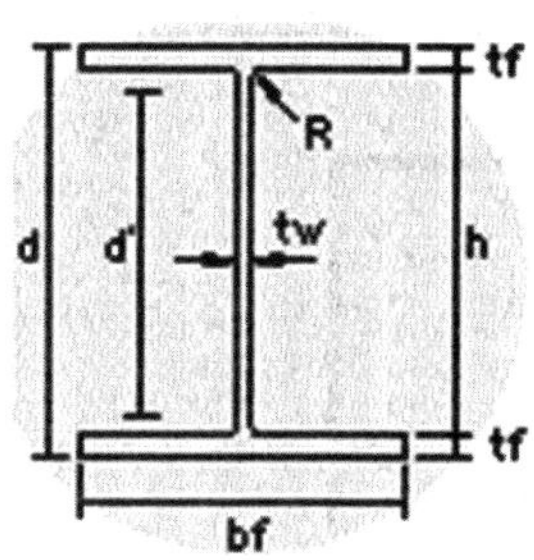

Perfis I e H

d = altura externa do perfil
d' = altura livre da alma
h = altura interna
bf = largura da aba
tf = espessura da aba
tw = espessura da alma
R = raio da concordância

BITOLA	Massa Linear	d	b_f	d'	h	ESPESSURA t_w	ESPESSURA t_f	EIXO X - X I_x	EIXO X - X W_x	EIXO X - X R_x	EIXO Y - Y I_y	EIXO Y - Y W_y	EIXO Y - Y r_y	S
	Kg/m	mm	mm	mm	mm	mm	mm	cm^4	cm^3	cm	cm^4	cm^3	cm	cm^2
W 150 x 13,0	13,0	148	100	118	138	4,3	4,9	635	85,8	6,18	82	16,4	2,22	16,6
W 150 x 18,0	18,0	153	102	119	139	5,8	7,1	939	122,8	6,34	126	24,7	2,32	23,4
W 200 x 19,3	19,3	203	102	170	190	5,8	6,5	1.686	166,1	8,19	116	22,7	2,14	25,1
W 200 x 26,6	26,6	207	133	170	190	5,8	8,4	2.611	252,3	8,73	330	49,6	3,10	34,2
W 250 x 17,9	17,9	251	101	220	240	4,8	5,3	2.291	182,6	9,96	91	18,1	1,99	23,1
W 250 x 25,3	25,3	257	102	220	240	6,1	8,4	3.473	270,2	10,31	149	29,3	2,14	32,6
W 250 x 32,7	32,7	258	146	220	240	6,1	9,1	4.937	382,7	10,83	473	64,8	3,35	42,1
W 250 x 44,8	44,8	266	148	220	240	7,6	13,0	7.158	538,2	11,15	704	95,1	3,50	57,6
W 310 x 23,8	23,8	305	101	272	292	5,6	6,7	4.346	285,0	11,89	116	22,9	1,94	30,7
W 310 x 32,7	32,7	313	102	271	291	6,6	10,8	6.570	419,8	12,49	192	37,6	2,13	42,1
W 310 x 44,5	44,5	313	166	271	291	6,6	11,2	9.997	638,8	13,22	855	103,0	3,87	57,2
W 360 x 32,9	32,9	349	127	308	332	5,8	8,5	8.358	479,0	14,09	291	45,9	2,63	42,1
W 360 x 44,0	44,0	352	171	308	332	6,9	9,8	12.258	696,5	14,58	818	95,7	3,77	57,7
W 360 x 57,8	57,8	358	172	308	332	7,9	13,1	16.143	901,8	14,92	1.113	129,4	3,92	72,5
W 360 x 72,0	72,0	350	204	288	320	8,6	15,1	20.169	1.152,5	14,86	2.140	209,8	4,84	91,3
W 410 x 38,8	38,8	399	140	357	381	6,4	8,8	12.777	640,5	15,94	404	57,7	2,83	50,3
W 410 x 53,0	53,0	403	177	357	381	7,5	10,9	18.734	929,7	16,55	1.009	114,0	3,84	68,4
W 410 x 67,0	67,0	410	179	357	381	8,8	14,4	24.678	1.203,8	16,91	1.379	154,1	4,00	86,3
W 460 x 52,0	52,0	450	152	404	428	7,6	10,8	21.370	949,8	17,91	634	83,5	3,09	66,6
W 460 x 68,0	68,0	459	154	404	428	9,1	15,4	29.851	1.300,7	18,46	941	122,2	3,28	87,6
W 460 x 82,0	82,0	460	191	404	428	9,9	16,0	37.157	1.615,5	18,84	1.862	195,0	4,22	104,7
W 530 x 66,0	66,0	525	165	478	502	8,9	11,4	34.971	1.332,2	20,46	857	103,9	3,20	83,6
W 530 x 74,0	74,0	529	166	478	502	9,7	13,6	40.969	1.548,9	20,76	1.041	125,5	3,31	95,1
W 530 x 85,0	85,0	535	166	478	502	10,3	16,5	48.453	1.811,3	21,21	1.263	152,2	3,42	107,7
W 610 x 101,0	101,0	603	228	541	573	10,5	14,9	77.003	2.554,0	24,31	2.951	258,8	4,76	130,3
W 610 x 155,0	155,0	611	324	541	573	12,7	19,0	129.583	4.241,7	25,58	10.783	665,6	7,38	198,1

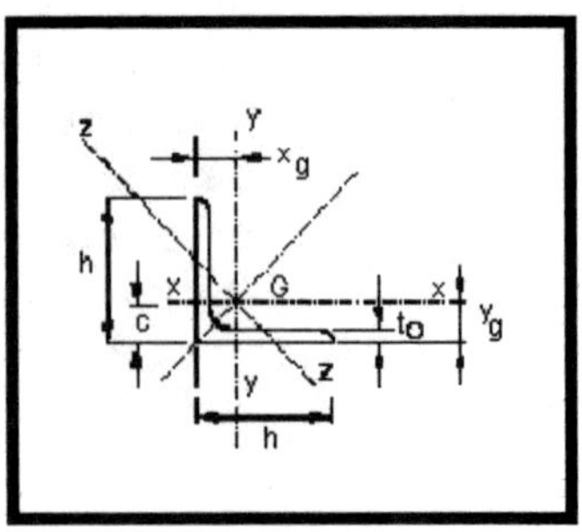

CANTONEIRAS

Perfil - Dimensões	Altura	Espessura	Área	Peso	Ix = Iy	Wx = Wy	ix = iy	i máx	i min	Xg = Yg
h (pol)	h (mm)	to (pol)	cm^2	kg/m	cm4	cm^3	cm	cm	cm	cm
5/8 x 5/8	16 x 16	1/8	0.96	0,71	0,20	0,18	0,45	0,56	0,30	0,51
3/4 x 3/4	19 x 19	1/8	1,16	0,88	0,37	0,28	0,58	0,73	0,38	0,58
7/8 x 7/8	22 x 22	1/8	1,35	1,04	0,58	0,37	0,66	0,80	0,48	0,66
1 x 1	25 x 25	1/8	1,48	1,19	0,83	0,49	0,76	0,96	0,51	0,76
1 x 1	25 x 25	3/16	2,19	1,73	1,24	0,65	0,76	0,95	0,48	0,81
1 x 1	25 x 25	¼	2,83	2,21	1,66	0,98	0,73	0,91	0,48	0,86
1¼ x 1¼	32 x 32	1/8	1,93	1,50	1,66	0,81	0,96	1,21	0,63	0,91
1¼ x 1¼	32 x 32	3/16	2,77	2,20	2,49	1,14	0,96	1,20	0,61	0,96
1¼ x 1¼	32 x 32	¼	3,61	2,86	3,32	1,47	0,93	1,16	0,61	1,01
1½ x 1½	38 x 38	1/8	2,32	1,83	3,32	1,14	1,19	1,50	0,76	1,06
1½ x 1½	38 x 38	3/16	3,42	2,68	4,57	1,63	1,16	1,47	0,73	1,11
1½ x 1½	38 x 38	¼	4.45	3,48	5,82	2,13	1,14	1,44	0,73	1,19
1½ x 1½	38 x 38	5/16	5,42	4,26	6,65	4,53	1,11	1,39	0,73	1,24
1¾ x 1¾	44 x 44	1/8	2,70	2,14	5,41	1,63	1,39	1,76	0,88	1,21
1¾ x 1¾	44 x 44	3/16	3,99	3,15	7,49	2,29	1,37	1,73	0,88	1,29
1¾ x 1¾	44 x 44	¼	5,22	4,12	9,57	3,11	1,34	1,69	0,86	1,34
1¾ x 1¾	44 x 44	5/16	6,45	5,05	11,23	3,77	1,32	1,66	0,86	1,39
1¾ x 1¾	44 x 44	3/8	7,61	5,94	12,90	4,26	1,29	1,61	0,86	1,45
2 x 2	51 x 51	1/8	3,09	2,46	7,90	2,13	1,60	2,03	1,01	1,39
2 x 2	51 x 51	3/16	4,58	3,63	11,23	3,11	1,57	1,99	0,99	1,44
2 x 2	51 x 51	¼	6,06	4,76	14,56	4,09	1,54	1,94	0,99	1,49
2 x 2	51 x 51	5/16	7,41	5,83	17,48	4,91	1,52	1,91	0,99	1,54
2 x 2	51 x 51	3/8	8,77	6,99	19,97	5,73	1,49	1,86	0,99	1,62

TABELA DE TORQUE DE PARAFUSOS – ROSCA MÉTRICA

MA – Rosca Média ou Grossa   MB – Rosca Fina   AF – Área do Filete

- TENSÃO ADMISSÍVEL = 90% DA TENSÃO DE ESCOAMENTO

TORQUE ADMISSÍVEL [Kgf.m] - SÉRIE MÉTRICA									
ITEM	BITOLA Ø AF		TENSÃO ADMISSÍVEL = 90% DA TENSÃO DE ESCOAMENTO						
			CL 4.6	CL 5.8	CL 8.8	CL 9.8	CL 10.8	CL 12.9	
01	MA	5	13,614	0,294	0,490	0,784	0,882	1,103	1,323
02	MB	5	------	------	------	------	------	------	------
03	MA	6	19,333	0,501	0,835	1,336	1,503	1,879	2,255
04	MB	6	21,661	0,561	0,935	1,497	1,684	2,105	2,526
05	MA	8	35,441	1,225	2,041	3,266	3,675	4,593	5,512
06	MB	8	38,062	1,315	2,192	3,507	3,946	4,933	5,919
07	MA	10	56,318	2,433	4,054	6,488	7,299	9,124	10,948
08	MB	10	63,074	2,724	4,541	7,266	8,174	10,218	12,262
09	MA	12	81,993	4,250	7,084	11,334	12,752	15,939	19,127
10	MB	12	85,997	4,458	7,430	11,888	13,374	16,718	20,061
11	MA	14	112,523	6,805	11,342	18,147	20,416	25,520	30,624
12	MB	14	122,012	7,379	12,298	19,678	22,138	27,672	33,207
13	MA	16	152,268	10,594	17,656	28,250	31,782	39,727	47,672
14	MB	16	164,311	11,357	18,928	30,286	34,072	42,589	51,107
15	MA	20	240,047	20,740	34,566	55,307	62,220	77,775	93,330
16	MB	20	267,757	23,134	38,557	61,691	69,403	86,753	104,104

- TENSÃO ADMISSÍVEL = 90% DA TENSÃO DE ESCOAMENTO

TORQUE ADMISSÍVEL [Kgf.m] - SÉRIE POLEGADA									
ITEM	BITOLA Ø D		TENSÃO ADMISSÍVEL = 90% DA TENSÃO DE ESCOAMENTO						
			AF	G.1	G.2	G.5	G.7	G.8	
01	3/16"	UNC	4,725	11,260	0,244	0,386	0,624	0,780	0,882
02	3/16"	UNF	4,725	12,817	0,278	0,439	0,711	0,888	1,004
03	1/4"	UNC	6,350	20,486	0,592	0,936	1,515	1,892	2,140
04	1/4"	UNF	6,350	23,351	0,675	1,067	1,727	2,157	2,439
05	5/16"	UNC	7,9375	33,766	1,221	1,930	3,122	3,898	4,409
06	5/16"	UNF	7,9375	37,315	1,349	2,133	3,450	4,308	4,873
07	3/8"	UNC	9,525	49,943	2,167	3,427	5,543	6,919	7,826
08	3/8"	UNF	9,525	56,474	2,451	3,875	6,268	7,823	8,850
09	7/16"	UNC	11,1125	68,590	3,470	5,486	8,874	11,086	12,540
10	7/16"	UNF	11,1125	76,379	3,864	6,109	9,882	12,344	13,964
11	1/2"	UNC	12,7	91,544	5,294	8,370	13,539	16,909	19,127
12	1/2"	UNF	12,7	102,937	6,792	10,739	17,371	19,013	21,508
13	1/2"	BSW	12,7	88,764	5,133	8,116	13,128	16,395	18,546
14	9/16"	UNC	14,2875	117,449	7,638	12,075	19,532	24,406	27,607
15	9/16"	UNF	14,2875	130,671	8,497	13,435	21,731	27,153	30,715
16	5/8"	UNC	15,875	145,994	10,558	16,692	27,000	33,708	38,130
17	5/8"	UNF	15,875	164,786	11,917	18,841	30,475	38,047	43,038
18	3/4"	UNC	19,05	215,981	18,737	29,624	47,916	59,840	67,691
19	3/4	UNF	19,05	240,264	20,843	32,954	53,304	66,568	75,301
20	7/8"	UNC	22,22	298,064	30,16098	47,68542	77,1311	96,3240	108,9608
21	7/8"	UNF	22,22	328,386	33,2289	52,53642	84,9776	106,123	120,0457
22	1"	UNC	25,40	390,966	45,76545	71,49942	115,651	144,4297	163,3766
23	1"	UNF	25,40	427,741	49,47696	78,22512	126,5289	158,0147	178,7444
24	1.1/8"	UNC	28,57	492,257	64,04643	101,2589	163,7864	204,5431	231,3768
25	1.1/8"	UNF	28,57	552,257	71,85276	113,6013	183,7503	229,4747	259,5793
26	1.1/4"	UNC	31,75	625,160	90,39132	142,9115	231,1592	288,6812	326,5524
27	1.1/4"	UNF	31,75	692,257	100,093	158,2496	255,9694	319,6646	361,6003
28	1.1/2"	UNC	38,10	906,449	157,2748	248,6566	402,2029	502,2867	568,1804
29	1.1/2"	UNF	38,10	1019,998	176,9768	279,8056	452,5857	565,207	639,3556

SIMBOLOGIA USADA EM ROSCAS (Parafusos, Porcas, Estojos)

Símbolo	Descrição
M	Rosca Métrica
MF	Rosca Métrica Fina
NC	Rosca Nacional Americana Grossa
NF	Rosca Nacional Americana Fina
NEF	Rosca Nacional Americana Extra-Fina
N	Rosca Nacional Americana passo 8 a 12 e 16 fios/pol
NS	Rosca Nacional Americana Especial
UNC	Rosca Unificada Grossa
UNF	Rosca Unificada Fina
UNEF	Rosca Unificada Extra-Fina
UN	Rosca Unificada passos 4,6,8,10,12,16,20,28,32 fios/pol
UNS	Rosca Unificada Especial
BSW	Rosca British Standard Whitworth Grossa
BSF	Rosca Bristish Standard Fine
BSPTr	Rosca Bristish Standard Taper Pipe
G(BSP)	Rosca Bristish Standard Pipe Paralel
BRASS	Rosca Bristish para Tubos de latão
NPSC	Rosca Standard Americana cilíndrica para acoplamento de tubos
NPSI	Rosca Standard Americana intermediária interna cilíndrica para tubos
NPT	Rosca Standard Americana cônica para tubos

Bibliografia

Lawrence H. Van Vlack. Princípios de Ciência dos Materiais. Editora Edgard Blucher Ltda, 1975.

Okumura, Toshie; Taniguchi, Celio. Engenharia de Soldagem e Aplicações. LTC Livros Técnicos e Científicos Editora S A, 1982.

French, Thomas E. Desenho Técnico. Editora Globo, 1975.

Hudson, Ralph G, S B. Manual do Engenheiro. LTC Livros Técnicos e Científicos. Editora S A, 1976.

Telles, Pedro C Silva. Tubulações Industriais, Materiais, Projeto, Montagem. 10 a. Edição LTC Editora, 2001.

Anotações

Anotações

Técnicas Avançadas de Manutenção

2ª Edição Revisada e Ampliada

(Segunda edição, 2017)

Autor: Mário Jorge da Silva Pereira

Número de páginas: 112 Peso: 162 gramas

Formato: 16 X 23 cm impressão offset pb

Lombada: 0,6 cm

Encadernação: Brochura

Preço: R$ 39,00

ISBN(versão impressa): 978-85-399-0917-9

ISBN(versão e-book): 978-85-399-0958-2

Código de barras: 9788539909179

Assunto: 1. Engenharia de segurança. 2. Engenharia de máquinas.

Os sistemas para a Gestão da Manutenção estão sempre em evolução, seguindo as novas tendências e avanços tecnológicos.

Esta obra aborda técnicas de manutenção pouco usuais, mas de grande relevância. São complementares aos sistemas preventivos utilizados nas organizações, os quais impactam numa antecipação de falhas mais precisa.

Incialmente são apresentados os principais conceitos sobre a Manutenção Proativa (ou por Diagnósticos) tendo sua aplicação no monitoramento dos fluidos lubrificantes.

A seguir, os aspectos que conceituam a Manutenção Competitiva.

Nesta 2ª edição, estão incluídas as normas de segurança de máquinas e ergonomia, as quais considero estratégicas. A gestão de ativos e o gerenciamento de projetos complementam o capítulo.

Logo após, seguem os conceitos sobre a Prevenção da Manutenção, a qual define padrões e ações que visam evitar a falha em fases anteriores ao projeto de máquinas e utilidades. Foi acrescentado um caso sobre implementação da "Manutenção Autônoma".

Ainda, os dados relevantes da Manutenção de Classe Mundial que apresenta o desempenho das organizações internacionais e deve ser observado pelos gestores, utilizando os valores como benchmarking.

É uma leitura dinâmica e espero que seja muito útil aos estudantes e profissionais das áreas de Manutenção & Serviços.

Cordiais Saudações, Mário Jorge Pereira

EDITORA CIÊNCIA MODERNA

Impressão e acabamento
Gráfica da Editora Ciência Moderna Ltda.
Tel: (21) 2201-6662